Bitterle

GALs

Dieter Bitterle

GALs

Programmierbare Logikbausteine in Theorie und Praxis

Mit 164 Abbildungen
3., neubearbeitete und erweiterte Auflage

Franzis'

Die Deutsche Bibliothek – CIP-Einheitsaufnahme

Bitterle, Dieter:
GALs : programmierbare Logikbausteine in Theorie und Praxis /
Dieter Bitterle. - 3., neu bearb. und erw. Aufl. - München :
Franzis, 1993
ISBN 3-7723-5904-3

Satz: Muth-Birner, Indersdorf
Druck: Offsetdruck Heinzelmann, München
Printed in Germany - Imprimé en Allemagne.

ISBN 3-7723-5904-3

Vorwort

Zur Realisierung von digitalen Schaltungen steht dem Entwickler mittlerweile eine große Anzahl an Logikbausteinen zur Verfügung. Trotz immer höherer Integration kommt ein Entwickler nicht umhin, auch Standard-Logik-ICs zu verwenden. Je komplizierter jedoch ein Schaltungsentwurf wird, desto unflexibler wird die herkömmliche Logik. In vielen Fällen werden daher programmierbare Logikbausteine eingesetzt, die erst vom Anwender in ihrer Funktion festgelegt werden.

Das vorliegende Buch wendet sich an alle, die daran interessiert sind, mit den neuen programmierbaren Logikbausteinen, den GALs, digitale Schaltungen erheblich einfacher und flexibler aufzubauen.

Das Buch führt den Leser zuerst in die Thematik der programmierbaren Logikbausteine ein. Anschließend werden die theoretischen Grundlagen der GALs erläutert. Der Hauptteil des Buches widmet sich Beispielen, Grundschaltungen und praktischen Anwendungen, die selbst dem erfahrenen Entwickler wertvolle Anregungen geben.

Der Leser sollte Grundkenntnisse in der Digitaltechnik aufweisen und bereits etwas Erfahrung im Aufbau von digitalen Schaltungen gesammelt haben. An dieser Stelle möchte ich noch Herrn Dipl.-Ing. Robert Dressler für seine wertvollen Anregungen danken.

Dieter Bitterle, Stuttgart

Wichtiger Hinweis

Die in diesem Buch wiedergegebenen Schaltungen und Verfahren werden ohne Rücksicht auf die Patentlage mitgeteilt. Sie sind ausschließlich für Amateur- und Lehrzwecke bestimmt und dürfen nicht gewerblich genutzt werden*).
Alle Schaltungen und technischen Angaben in diesem Buch wurden vom Autor mit größter Sorgfalt erarbeitet bzw. zusammengestellt und unter Einschaltung wirksamer Kontrollmaßnahmen reproduziert. Trotzdem sind Fehler nicht ganz auszuschließen. Der Verlag und der Autor sehen sich deshalb gezwungen, darauf hinzuweisen, daß sie weder eine Garantie noch die juristische Verantwortung oder irgendeine Haftung für Folgen, die auf fehlerhafte Angaben zurückgehen, übernehmen können. Für die Mitteilung eventueller Fehler sind Autor und Verlag jederzeit dankbar.
Die Programme können – vollständig, teilweise und/oder in geänderter Form – gewerblich nur mit Zustimmung des Autors verwendet werden.

*) Bei gewerblicher Nutzung ist vorher die Genehmigung des möglichen Lizenzinhabers einzuholen.

Inhalt

1 Einführung

1.1 Was sind GALs?

GALs (Generic Array Logic) gehören zu den programmierbaren Logikbausteinen. Sie enthalten eine Vielzahl von Und- bzw. Oderverknüpfungen, die in einem Programmiervorgang miteinander verschaltet werden können. Auf diese Weise lassen sich mehrere Standardgatterfunktionen in einem GAL integrieren, so daß der Platzbedarf gegenüber herkömmlicher Logikschaltungen erheblich reduziert wird. Ein weiterer großer Vorteil der GALs ist die Tatsache, daß sie bis zu hundertmal elektronisch gelöscht und neu programmiert werden können. Dies stellt besonders in Entwicklungsphasen, wo Logikfunktionen oft nicht auf Anhieb richtig funktionieren, einen entscheidenden Vorteil dar.

Die GAL-Bausteine sind eine Weiterentwicklung der PALs (Programmable Array Logic), die schon seit einigen Jahren auf dem Markt sind. Obwohl die PALs in Industrieschaltungen sehr verbreitet sind, weisen sie doch einige Nachteile auf. Der größte Nachteil ist, daß ein PAL nur einmal programmiert werden kann. Daraus resultieren hohe Entwicklungskosten, da man davon ausgehen darf, daß bis zur serienreifen Schaltung mehrere PALs benötigt werden. Auch die Programmiergeräte zur Programmierung der PAL-Bausteine sind sehr teuer. Für den Hobbyelektroniker lohnt sich der Kauf eines solchen Gerätes kaum. Anders verhält es sich mit den neuen programmierbaren Logikbausteinen, den GALs. Ein derartiges Programmiergerät erhält man als Bausatz inkl. Software bereits sehr preiswert. Die Bezugsquelle ist im Anhang angegeben. Die einzige Voraussetzung ist, daß man über einen Computer verfügt, an den das Programmiergerät angeschlossen werden kann.

Ein weiterer wesentlicher Vorteil der GALs besteht darin, daß nur zwei Typen ausreichen, um fast das gesamte Typenspektrum der PALs zu ersetzen. Es sind dies die beiden GALs 16V8 und 20V8, deren Pinbelegung in *Abb. 1.1* zu sehen ist. Das GAL16V8 verfügt über zehn Eingänge und acht Ausgänge, das GAL20V8 über 14 Eingänge und 8 Ausgänge. Der Stückpreis dieser programmierbaren Logikbausteine liegt mittlerweile (Stand November 1990) unter DM 5,00 (GAL16V8) beziehungsweise unter DM 10,00 (GAL20V8). Es ist allerdings zu erwarten, daß in naher Zukunft der Preis dieser Bauelemente noch sinken wird. Der Leser stellt sich jetzt vermutlich die Frage, wie es möglich ist,

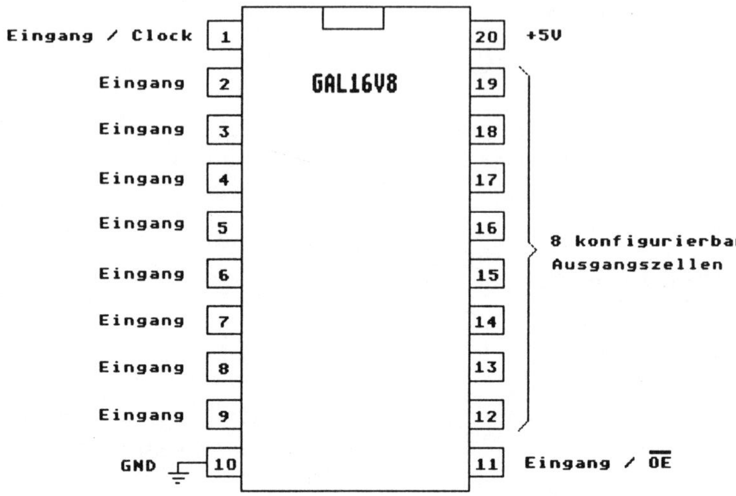

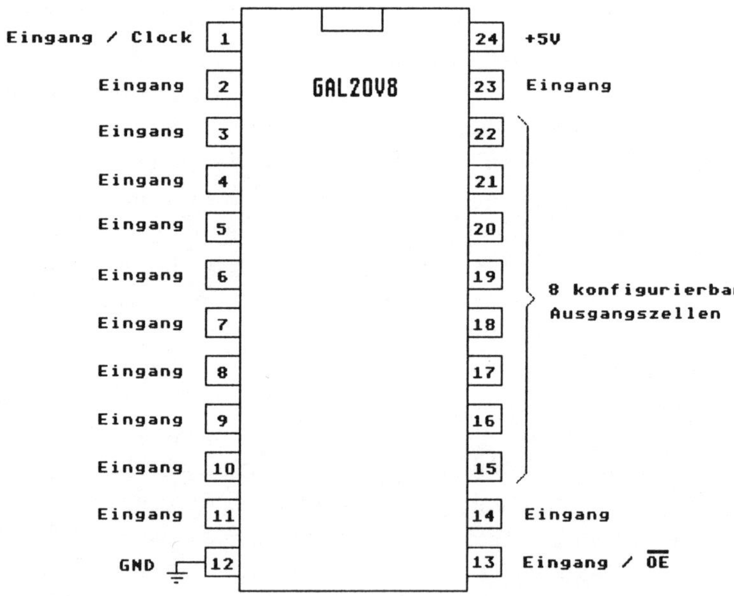

Abb. 1.1 Pinbelegung der GALs 16V8 und 20V8

mit nur zwei GALs den Großteil aller PALs zu ersetzen. Betrachtet man dazu die Pinbelegung der GALs in Abb. 1.1, so erkennt man, daß beide GALs über acht konfigurierbare Ausgänge verfügen. Der Begriff „konfigurierbar“ bedeutet hier, daß der Anwender verschiedene Ausgangsstrukturen festlegen kann. Die Ausgänge können entweder als kombinatorischer Ausgang, Tristate-Ausgang oder als Registerausgang definiert werden. Dadurch ist man in der Lage, mit nur zwei GALs 42 PAL-Typen zu ersetzen.

Da die Begriffe kombinatorischer Ausgang, Tristate-Ausgang und Registerausgang im Zusammenhang mit den GALs von großer Bedeutung sind und vielleicht nicht jedem Leser vertraut sind, folgt nun anhand von Beispielen eine kurze Erklärung dieser Begriffe.

Jedes Beispiel zeigt eine digitale Schaltung, die zuerst mit Standard-TTL-Bausteinen (74LS...) und anschließend mit einem GAL realisiert wird.

Beispiel 1: Kombinatorischer Ausgang

Abb. 1.2 zeigt eine digitale Schaltung, die eine logische Verknüpfung zwischen den Eingangssignalen A bis H durchführt. Das Ergebnis der Verknüpfung sind die Ausgangsvariablen Q1 bis Q4. Diese Ausgänge bezeichnet man als kombinatorische Ausgänge, da sie folgende Eigenschaften aufweisen:

- Der Ausgang ist ständig aktiv (kein hochohmiger Zustand möglich).
- Die Ausgangssignale hängen nur von den logischen Zuständen der Eingangssignale ab.

Kombinatorische Logikschaltungen sind aus reinen Verknüpfungsgliedern aufgebaut und enthalten keine Rückkopplungsleitungen oder Speicherglieder. Sieht man von den Signalverzögerungen der Verknüpfungsglieder ab, so rea-

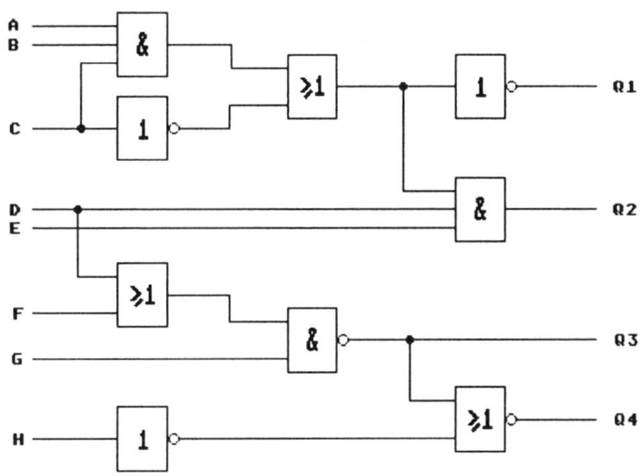

Abb. 1.2 Logikschaltung mit kombinatorischen Ausgängen

giert eine kombinatorische Logikschaltung auf eine Änderung der Eingangssignale sofort mit den entsprechenden Ausgangssignalen. Die Ausgangsvariablen sind ausschließlich von den jeweiligen Zuständen der Eingangsvariablen bestimmt. Die Zuordnung der Eingangsvariablen zu den Ausgangsvariablen erfolgt durch eine Wahrheitstabelle oder boole'sche Funktion.

Zur Realisierung der Verknüpfungen in Abb. 1.2 mit Standard-TTL-Bauelementen werden folgende ICs benötigt:

74LS08 . . enthält vier Und-Gatter mit jeweils zwei Eingängen
74LS32 . . enthält vier Oder-Gatter mit jeweils zwei Eingängen
74LS04 . . enthält sechs Inverter
74LS00 . . enthält vier Nand-Gatter mit jeweils zwei Eingängen.

Hierbei wird vorausgesetzt, daß dem Leser die Funktionsweise sowie die Pinbelegung dieser ICs bereits bekannt ist. Sollte dies nicht der Fall sein, so ist es zu empfehlen, sich vorab mit den Grundlagen der praxisnahen Digitaltechnik zu befassen. *Abb. 1.3* zeigt schließlich den gesamten Aufbau der Schaltung mit TTL-Gattern und mit dem GAL16V8.

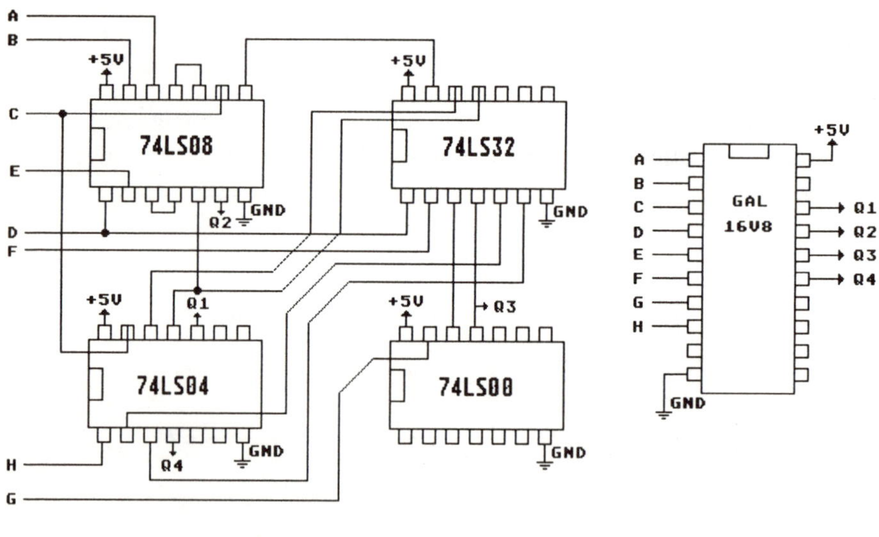

Abb. 1.3 Aufbau der Schaltung in Abb. 1.2 mit TTL-ICs und mit dem GAL16V8

Daraus wird deutlich, wie einfach sich der Aufbau einer Digitalschaltung mit GALs realisieren läßt. Die Verdrahtung der einzelnen ICs untereinander entfällt, so daß die Erstellung des Platinenlayouts erheblich vereinfacht wird. Die damit verbundene Zeitersparnis kommt auch den Entwicklungskosten zugute. Zudem läßt sich die Fehlersuche einfacher durchführen. Aus Abb. 1.3 geht ferner hervor, daß beim GAL16V8 noch zwei Eingänge und vier Ausgänge frei sind. Damit steht noch genügend Platz für zusätzliche Verknüpfungen zur Verfügung.

Beispiel 2: Tristate-Ausgang

Tristate-Ausgänge benötigt man, wenn mehrere Ausgänge auf ein und dieselbe Leitung geschaltet werden, aber immer nur ein Ausgang aktiv sein darf. Man spricht dann von einem Bussystem. Der Tristate-Ausgang kann, wie der Name bereits verrät, drei Zustände annehmen: 1. Der Ausgang führt High-Potential, 2. der Ausgang führt Low-Potential und 3. der Ausgang ist hochohmig. Die Wirkungsweise des hochohmigen Zustandes, der auch als Z-Zustand bezeichnet wird, ist in *Abb. 1.4* dargestellt. Man erkennt, daß mit dem Steuersignal S = 0 der Ausgang Q in den hochohmigen Zustand versetzt wird. Der Ausgang führt dann weder High- noch Low-Potential. Für S = 1 hingegen nimmt Q den logischen Zustand des Signales A an.

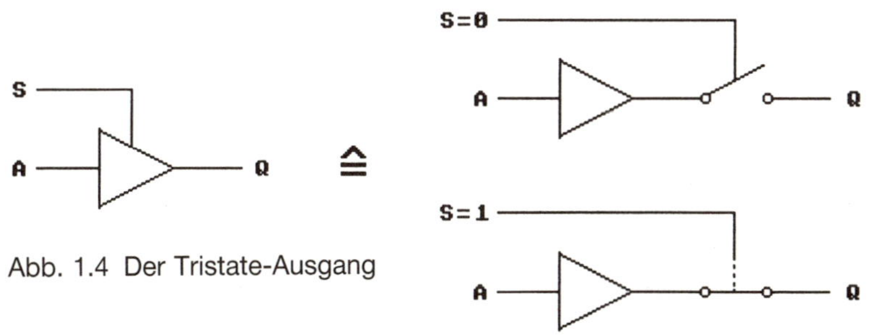

Abb. 1.4 Der Tristate-Ausgang

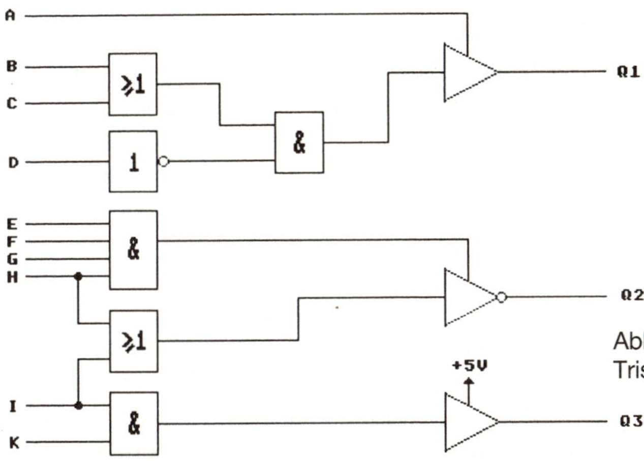

Abb. 1.5 Logikschaltung mit Tristate-Ausgängen

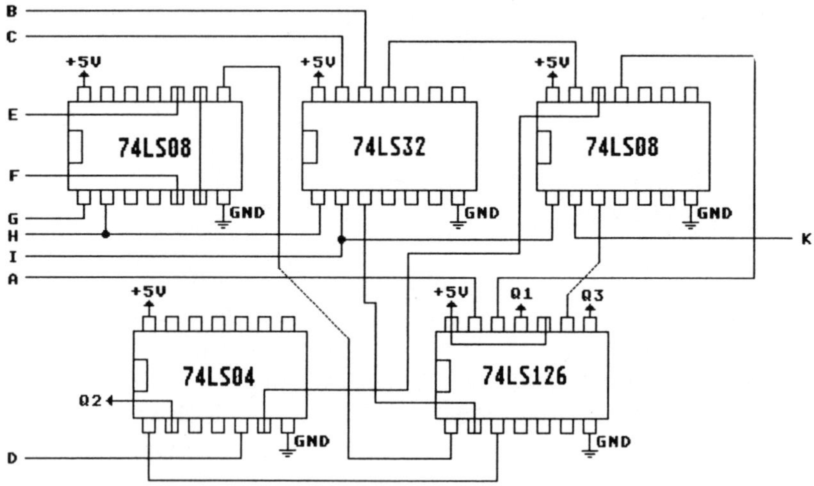

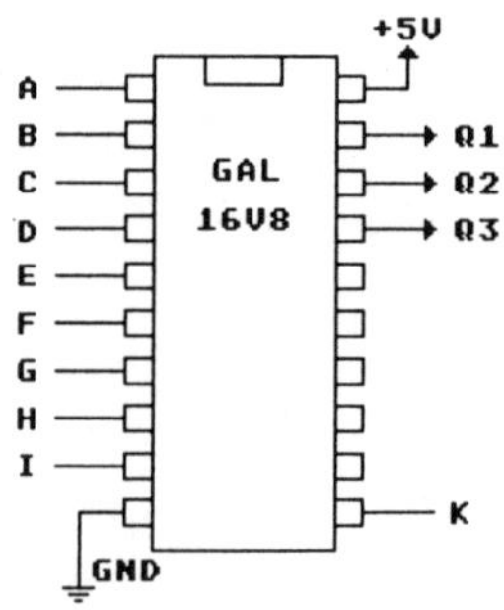

Abb. 1.6 Aufbau der Schaltung in Abb. 1.5 mit TTL-ICs und mit dem GAL16V8

Abb. 1.5 zeigt nun eine Logikschaltung, in der Tristate-Ausgänge verwendet werden. Dabei erkennt man, daß der Ausgang Q3 ständig durchgeschaltet ist, da das Steuersignal auf High liegt. Die beiden anderen Ausgänge Q1 und Q2 lassen sich, abhängig vom logischen Zustand des Steuersignals, in den hochohmigen Zustand versetzen. Bei der Realisierung dieser Schaltung mit TTL-Bauelementen benötigt man den 74LS126, der vier Tristate-Ausgänge beinhaltet. *Abb. 1.6* zeigt die Realisierung der Schaltung.

Obwohl das GAL hier fünf ICs ersetzt, sind noch fünf der acht Ausgänge für weitere Verknüpfungen frei. Nun sollte man annehmen, daß die zehn Eingangssignale A bis K die maximale Anzahl der Eingänge des GAL16V8 ausschöpfen. Aber hier zeigt sich die hohe Flexibilität der GAL-Bausteine: Ein Teil der Ausgänge kann auch als Eingang definiert werden. Auf diese Weise lassen sich mehr als zehn Eingangssignale verarbeiten, ohne daß man auf das größere GAL20V8 zurückgreifen muß. Sind z. B. 13 Eingangssignale erforderlich, so müssen drei Ausgangszellen als Eingang definiert werden. Allerdings stehen dann nur noch fünf Tristate-Ausgänge zur Verfügung.

Beispiel 3: Registerausgang

Der Begriff „Registerausgang" läßt sich am einfachsten anhand der Schaltung in *Abb. 1.7* erklären.

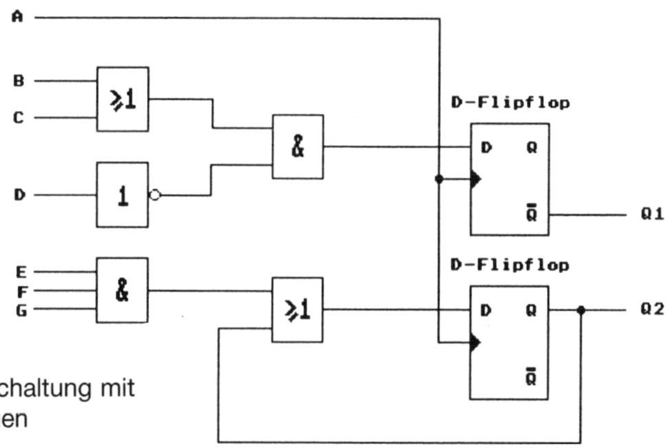

Abb. 1.7 Logikschaltung mit Registerausgängen

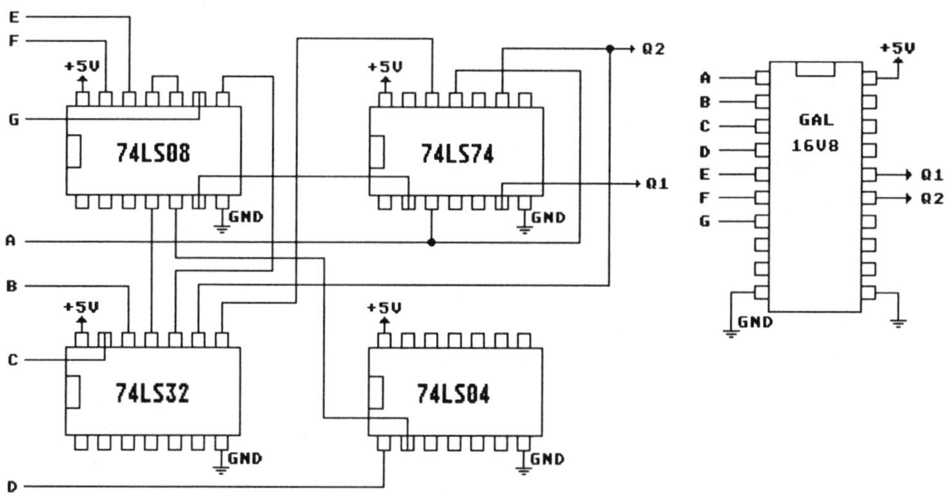

Abb. 1.8 Aufbau der Schaltung in Abb. 1.7 mit TTL-ICs und mit dem GAL16V8

Man erkennt hier mehrere TTL-Gatter sowie zwei D-Flipflops, deren gemeinsamer Takt das Signal A darstellt. Die Ergebnisse der logischen Verknüpfung gelangen nicht direkt an die Ausgänge Q1 und Q2, sondern führen jeweils an den D-Eingang der D-Flipflops. Dieses D-Flipflop bewirkt, daß das Verknüpfungsergebnis nicht sofort am Ausgang erscheint, sondern erst mit der positiven Taktflanke (Signalwechsel von 0 auf 1) des Taktsignales A dorthin gelangt. Auch die GAL-Bausteine verfügen intern über acht D-Flipflops, die wahlweise zwischen den eigentlichen Ausgang und das Verknüpfungsergebnis geschaltet werden können. Einen Ausgang mit vorgeschaltetem D-Flipflop bezeichnet man als Registerausgang. Pin 1 der GALs ist dann der Anschluß für das gemeinsame Taktsignal.

Registerausgänge werden zum Aufbau von sogenannten „sequentiellen" Logikschaltungen verwendet. Solche Schaltungen ändern ihren Ausgangszustand erst mit der wirksam werdenden Flanke des Taktsignales. Eine Anwendung wäre z. B. ein Zähler, bei dem jeder Impuls am Takteingang zu einer Veränderung des Zählerstandes führt.

Abb. 1.8 zeigt, wie diese Schaltung mit TTL-Bauelementen oder mit dem GAL16V8 realisiert wird.

1.2 Vor- und Nachteile der GALs

Unter den programmierbaren Logikbausteinen spielen die GALs eine herausragende Rolle. Die Gründe dafür sind:

- EECMOS-Technologie
  Die GAL-Bausteine kombinieren den hochentwickelten CMOS-Prozeß mit elektrisch löschbarer Speichertechnologie. Diese Kombination bietet dem Anwender eine konfigurierbare Logik mit der Geschwindigkeit bipolarer Elemente und mit verminderter Verlustleistung. Darüber hinaus kann mit dieser Technologie eine vollständige Prüfung der Programmierbarkeit und der Funktion der Bausteine durchgeführt werden.
- Erhebliche Platzersparnis
  In einem GAL lassen sich neben Standard-Verknüpfungsgliedern wie z. B. Und, Oder, Nand, EXOR auch Decoder, Mulitplexer, Flipflops und Zähler integrieren, so daß der Platzbedarf einer Logikschaltung erheblich reduziert werden kann.
- Kosteneinsparung
  Da für die Realisierung einer Logikschaltung weniger ICs erforderlich sind und damit die Verdrahtung der einzelnen ICs untereinander entfällt, läßt sich

der Entwurf und Aufbau einer Logikschaltung einfacher und kostengünstiger durchführen.

- Hohe Flexibilität
  Für die hohe Flexibilität der GALs tragen mehrere Punkte bei. Zum einen lassen sich nachträgliche Änderungen in der Logik ohne Abändern des Platinenlayouts durchführen, zum anderen läßt sich die Pinbelegung individuell an das Platinenlayout anpassen. Der wichtigste Grund für die hohe Flexibilität liegt in den konfigurierbaren Ausgangszellen, die vom Anwender in verschiedenen Architekturen programmiert werden können. Die Ausgänge eines GALs können als kombinatorischer Ausgang, Tristate-Ausgang und als Registerausgang definiert werden.
- GALs ersetzen PALs
  Durch die konfigurierbaren Ausgangszellen genügen zwei GALs um 42 PAL-Typen zu ersetzen.
- Kopierschutz
  Die Programmierung einer Sicherheitszelle schützt das GAL gegen unerlaubtes Kopieren.
- GALs können bis zu hundertmal elektronisch gelöscht und neu programmiert werden. Besonders in Entwicklungsphasen ist dies ein bedeutender Vorteil.
- Der garantierte Datenerhalt beträgt mehr als zehn Jahre.
- Der gesamte Programmiervorgang dauert nur wenige Sekunden.

Nachteile:

- Nachteilig wirkt sich der relativ hohe Stromverbrauch von typ. 45 mA aus. Man darf aber davon ausgehen, daß mit Hilfe verbesserter Technologie dieser Wert noch reduziert werden kann.
- Für die Programmierung der GALs ist ein Programmiergerät mit Software erforderlich. Der Betrieb des Programmiergerätes setzt voraus, daß dem Anwender ein Computer zur Verfügung steht.

1.3 Grundlagen programmierbarer Logikbausteine

Zur Realisierung digitaler Schaltungen steht dem Entwickler mittlerweile eine große Anzahl an Logikbausteinen zur Verfügung. Je komplizierter jedoch ein Schaltungsentwurf wird, desto unflexibler wird der Aufbau mit Standard-Logik-ICs. Platzprobleme sind die logische Folge. Oftmals sind Bausteine nur teilweise benutzt, was reichlich uneffektiv ist. Nachträgliche Änderungen einer Schaltung sind nur sehr mühsam durchzuführen, da das Layout jedes Mal angepaßt werden muß. Bei speziellen Anwendungen wäre es vorteilhaft, wenn Teile einer Schaltung (z. B. Adreßdecodierung) veränderbar wären. Dies ist mit herkömmlichen Logik-ICs nur mit erhöhtem Aufwand zu realisieren. Aus all diesen Gründen werden immer häufiger programmierbare Logikbausteine (PLD – Programmable Logik Device) eingesetzt. Diese Bausteine werden erst vom Anwender durch Programmierung in ihrer Funktion festgelegt.

Das jüngste Mitglied der PLD-Bausteine ist das GAL. In einem GAL können Logikfunktionen durch Oderverknüpfung von Produktermen verwirklicht werden. Die Boole'sche Algebra zeigt nämlich, daß sich jede Schaltfunktion auf diese Weise darstellen läßt. *Abb. 1.9* zeigt als Beispiel die Schaltfunktion für die Ausgangsvariable Q und die dazu äquivalente Schaltung mit Logikgattern. Die Produktterme entsprechen den Und-Gattern, während das Pluszeichen die Oderverknüpfung symbolisiert.

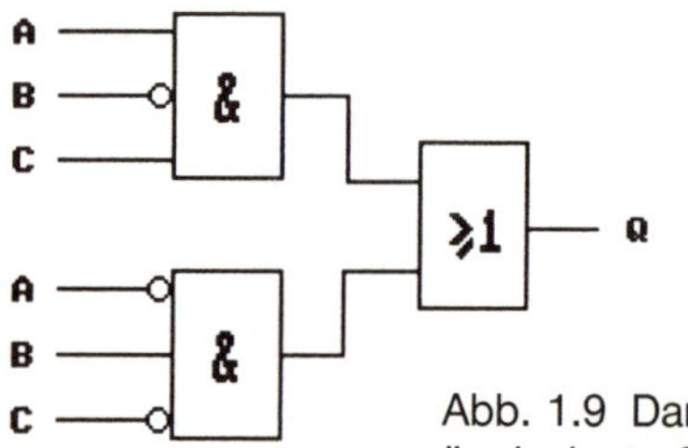

Q = A*/B*C + /A*B*/C

Abb. 1.9 Darstellung einer Schaltfunktion bei PLDs und äquivalente Schaltung mit Logikgattern

Bei der Darstellung einer Logikfunktion für PLDs haben sich folgende Symbole durchgesetzt:

& oder * = Undverknüpfung
+ = Oderverknüpfung
/ = Negation

Logikfunktionen werden bei programmierbaren Logikbausteinen mit Hilfe einer Logikmatrix dargestellt. Diese Matrix ist eine übersichtliche Darstellungsform aller Verknüpfungen, die in einem solchen Baustein möglich sind. Die Spalten stellen dabei die Eingangssignale dar, die in der Reihe zu einem Produktterm undverknüpft werden. In der Logikmatrix wird das dazu notwendige Und-Gatter der Übersichtlichkeit halber nicht gezeichnet. Anstatt dessen geben Kreuze an, welche Signale in einer Reihe miteinander verknüpft werden (*Abb. 1.10*). An dem Kreuzungspunkt von Reihe und Spalte befindet sich eine Sicherung, die symbolisch durch ein Kreuz gekennzeichnet ist. Die Sicherungen können beim Programmiervorgang gelöscht werden, wodurch die gewünschte

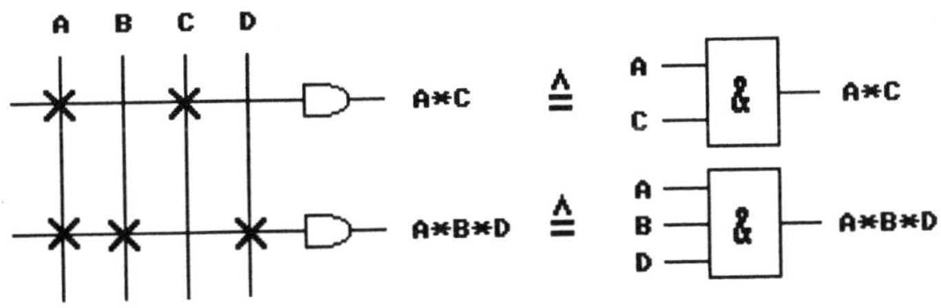

Abb. 1.10 Prinzipielle Darstellung der Logikmatrix bei PLDs

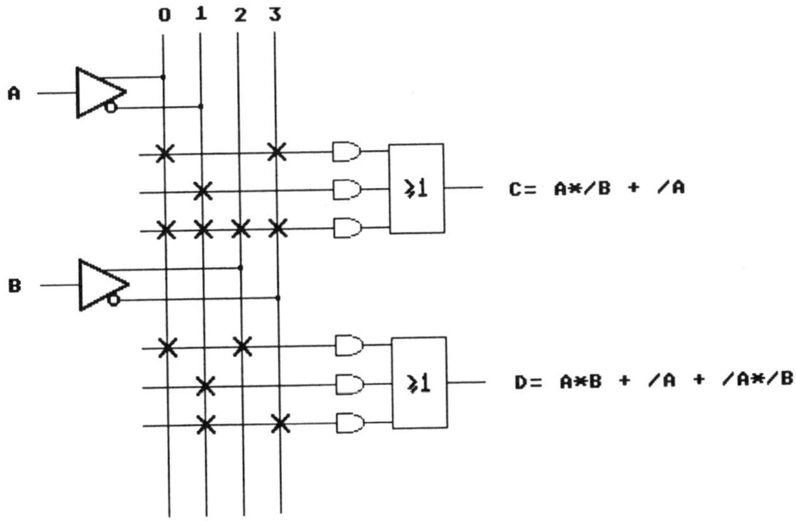

Abb. 1.11 Logikdarstellung bei GALs

Logikfunktion entsteht. Ein Kreuz bedeutet, daß die Sicherung an der betreffenden Stelle noch intakt ist.

Bei den GAL-Bausteinen gelangen neben den normalen Eingangssignalen auch deren invertierte Signale in die Logikmatrix. Deshalb gibt es in der Logikmatrix immer doppelt so viele Spalten wie Eingangssignale. Aus *Abb. 1.11* ist ersichtlich, daß das Eingangssignal A in Spalte 0 erscheint, während $\overline{A}$ Spalte 1 belegt. Um eine gewünschte Logikfunktion zu realisieren, werden die durch Kreuze gekennzeichneten Produktterme zusätzlich oderverknüpft. Eine Reihe, bei der noch alle Sicherungen intakt sind, hat keinen Einfluß auf die Schaltfunktion, da hier alle Eingangssignale mit ihren negierten Werten undverknüpft werden. Diese Verknüpfung ergibt immer den Wert 0 ($A \cdot \overline{A} = 0$), der für das nachfolgende Oder-Gatter ohne Bedeutung ist.

Bei den beiden GALs 16V8 und 20V8 lassen sich für eine Ausgangsvariable bis zu maximal acht Produktterme verknüpfen. Dies reicht in den meisten Anwendungsfällen völlig aus, zumal die Schaltfunktion mit Hilfe der Boole-'schen Algebra oft vereinfacht werden kann (vgl. Kapitel 4). Für komplexere Schaltungen kann man das GAL22V10 einsetzen, das je nach Ausgangszelle bis zu 16 Produktterme oderverknüpft. Dieses IC ist im Vergleich zu den beiden Standardtypen allerdings recht teuer.

1.4 GALs ersetzen PALs

PALs werden in großer Typenvielfalt angeboten. So gibt es PALs mit Registerausgängen, mit EXOR-Gattern anstelle der üblichen Oder-Gatter, mit Komplementär- oder Tristate-Ausgängen. Ferner kann zwischen invertiertem oder nicht invertiertem Ausgang gewählt werden. Um dieses Typenspektrum unterscheidbar zu machen, verwendet man eine kodierte Bezeichnung. Die erste Zahl gibt die Anzahl der Eingänge auf die Logikmatrix an, der mittlere Buchstabe unterscheidet den Ausgangstyp, während die letzte Zahl die Anzahl der Ausgänge angibt (*Abb. 1.12*). Auch die Typenbezeichnung der GALs lehnt sich an diese Codierung. Beim GAL16V8 stehen folglich 16 Matrixeingänge und acht Ausgänge zur Verfügung. Der Buchstabe V kennzeichnet die variablen Ausgangszellen.

Trotz der großen Typenvielfalt der PAL-Bausteine gibt es auch einige Nachteile. Als wesentlicher Nachteil erweist sich die Tatsache, daß die PALs nicht

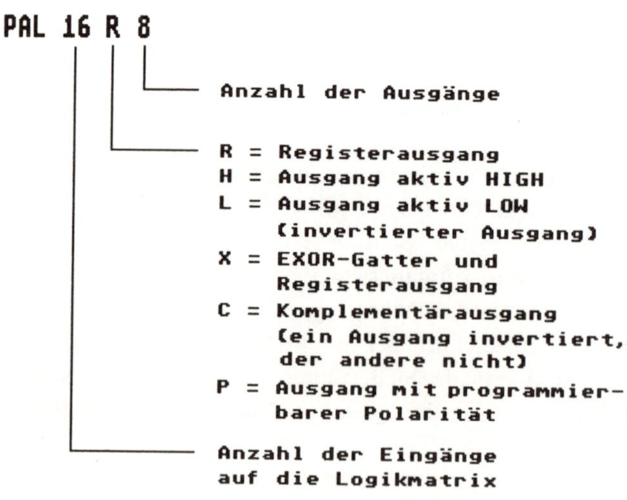

Abb. 1.12 Typenbezeichnung bei PALs

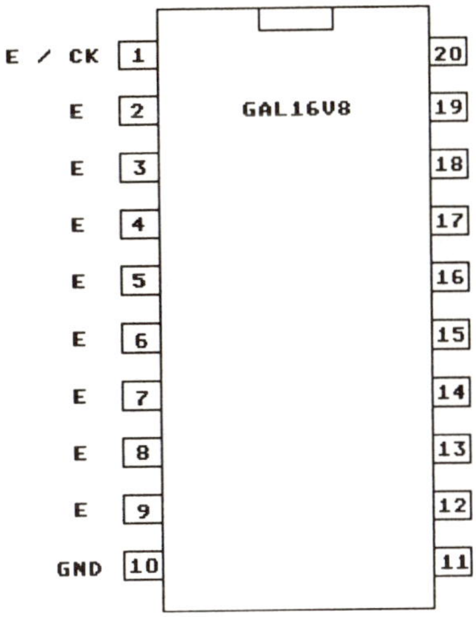

Pin	10L8 10H8 10P8	12L6 12H6 12P6	14L4 14H4 14P4	16L2 16H2 16P2	16R8 16RP8	16R6 16RP6	16R4 16RP4	16L8 16H8 16P8
20	+5V	+5V	+5V	+5V	+5V	+5V	+5V	+5V
19	A	E	E	E	A	E/A	E/A	A
18	A	A	E	E	A	A	E/A	E/A
17	A	A	A	E	A	A	A	E/A
16	A	A	A	A	A	A	A	E/A
15	A	A	A	A	A	A	A	E/A
14	A	A	A	E	A	A	A	E/A
13	A	A	E	E	A	A	E/A	E/A
12	A	E	E	E	A	E/A	E/A	A
11	E	E	E	E	$\overline{OE}$	$\overline{OE}$	$\overline{OE}$	E

E = Eingang $\overline{OE}$ = $\overline{\text{OUTPUT ENABLE}}$
A = Ausgang E/A = Eingang oder Ausgang

Abb. 1.13 GAL16V8 ersetzt 21 PAL-Bausteine

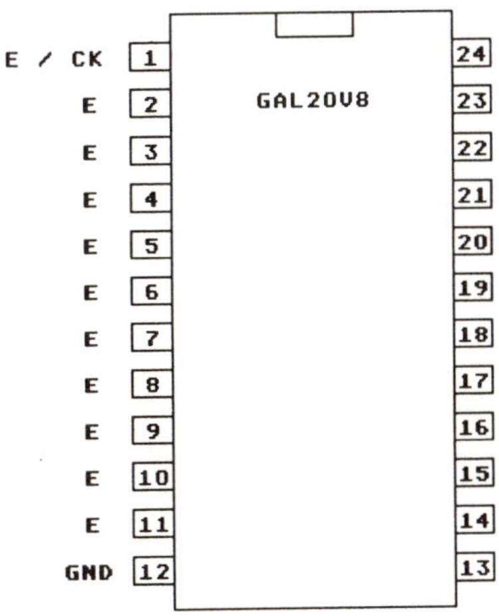

Pin	14L8 14H8 14P8	16L6 16H6 16P6	18L4 18H4 18P4	20L2 20H2 20P2	20R8 20RP8	20R6 20RP6	20R4 20RP4	20L8 20H8 20P8
24	+5V	+5V	+5V	+5V	+5V	+5V	+5V	+5V
23	E	E	E	E	E	E	E	E
22	A	E	E	E	A	E/A	E/A	A
21	A	A	E	E	A	A	E/A	E/A
20	A	A	A	E	A	A	A	E/A
19	A	A	A	A	A	A	A	E/A
18	A	A	A	A	A	A	A	E/A
17	A	A	A	E	A	A	A	E/A
16	A	A	E	E	A	A	E/A	E/A
15	A	E	E	E	A	E/A	E/A	A
14	E	E	E	E	E	E	E	E
13	E	E	E	E	$\overline{OE}$	$\overline{OE}$	$\overline{OE}$	E

E = Eingang $\overline{OE}$ = $\overline{\text{OUTPUT ENABLE}}$
A = Ausgang E/A = Eingang oder Ausgang

Abb. 1.14 GAL20V8 ersetzt 21 PAL-Bausteine

elektrisch gelöscht werden können. Dies wirkt sich hauptsächlich auf die Kosten in der Entwicklungsphase aus, in der dann mehrere PALs benötigt werden, falls die Logikfunktionen nicht auf Anhieb richtig definiert sind. Auch der hohe Stromverbrauch von typ. 180 mA ist nicht zu vernachlässigen.

Wenn man für jede Anwendung das optimale PAL einsetzen möchte, benötigt man eine Vielzahl verschiedener Typen. Um die Typenvielfalt zu verkleinern, werden zunehmend GALs mit programmierbaren Ausgangszellen eingesetzt. Die Ausgangszellen sind vom Anwender in verschiedenen Architekturen programmierbar, so daß nur zwei GALs ausreichen, um den Großteil aller PALs zu ersetzen. *Abb. 1.13* und *1.14* geben einen Überblick darüber, welche PALs ersetzt werden können. Ferner ist die entsprechende Pinbelegung der GALs ersichtlich.

2 Interne Struktur

In den folgenden Abschnitten werden die Logikmatrix und die universelle Ausgangszelle eines GALs beschrieben.

2.1 Die Logikmatrix

Die interne Struktur der GALs ist durch die Logikmatrix vorgegeben. Die Logikmatrix ist eine übersichtliche Darstellungsform der Verknüpfungen, die im GAL programmiert werden. Wie in Kapitel 1.3 bereits erläutert, werden in dieser Matrix Produktterme dargestellt, die anschließend in der Ausgangszelle oderverknüpft werden. *Abb. 2.1* und *2.2* zeigen die Logikmatrix der beiden GALs 16V8 und 20V8. Man erkennt zunächst eine Vielzahl von Reihen und Spalten, an die sich die Ausgangszellen (OLMC) anschließen. Man zählt acht Ausgangszellen, deren Signale den Pins 12 bis 19 (GAL16V8) beziehungsweise den Pins 15 bis 22 (GAL20V8) zugeordnet sind. Auf der linken Spalte sind die Eingänge dargestellt, deren invertierte und nicht invertierte Signale auf die Spalten der Matrix führen. So findet man beispielsweise das nicht invertierte Signal von Pin 4 in Spalte 8, das invertierte in Spalte 9. Auch die Signale der Ausgangszellen werden in die Matrix zurückgekoppelt und stehen so für Verknüpfungen zur Verfügung. Beim GAL16V8 sind es folglich 32 Signale, die zur Bildung der Schaltfunktion herangezogen werden können.

Es gelangen jeweils acht Reihen in eine Ausgangszelle, wobei jede Reihe einem Produktterm entspricht. In der Ausgangszelle werden die Produktterme oderverknüpft. Das Ergebnis dieser Verknüpfung gelangt über einen Tristate-Ausgang auf den entsprechenden Pin.

2.2 Die universelle Ausgangszelle (OLMC)

Die konfigurierbare Ausgangszelle (OLMC – Output Logik Macro Cell) ist eine Neuentwicklung und bietet dem Anwender ein Höchstmaß an Flexibilität, da

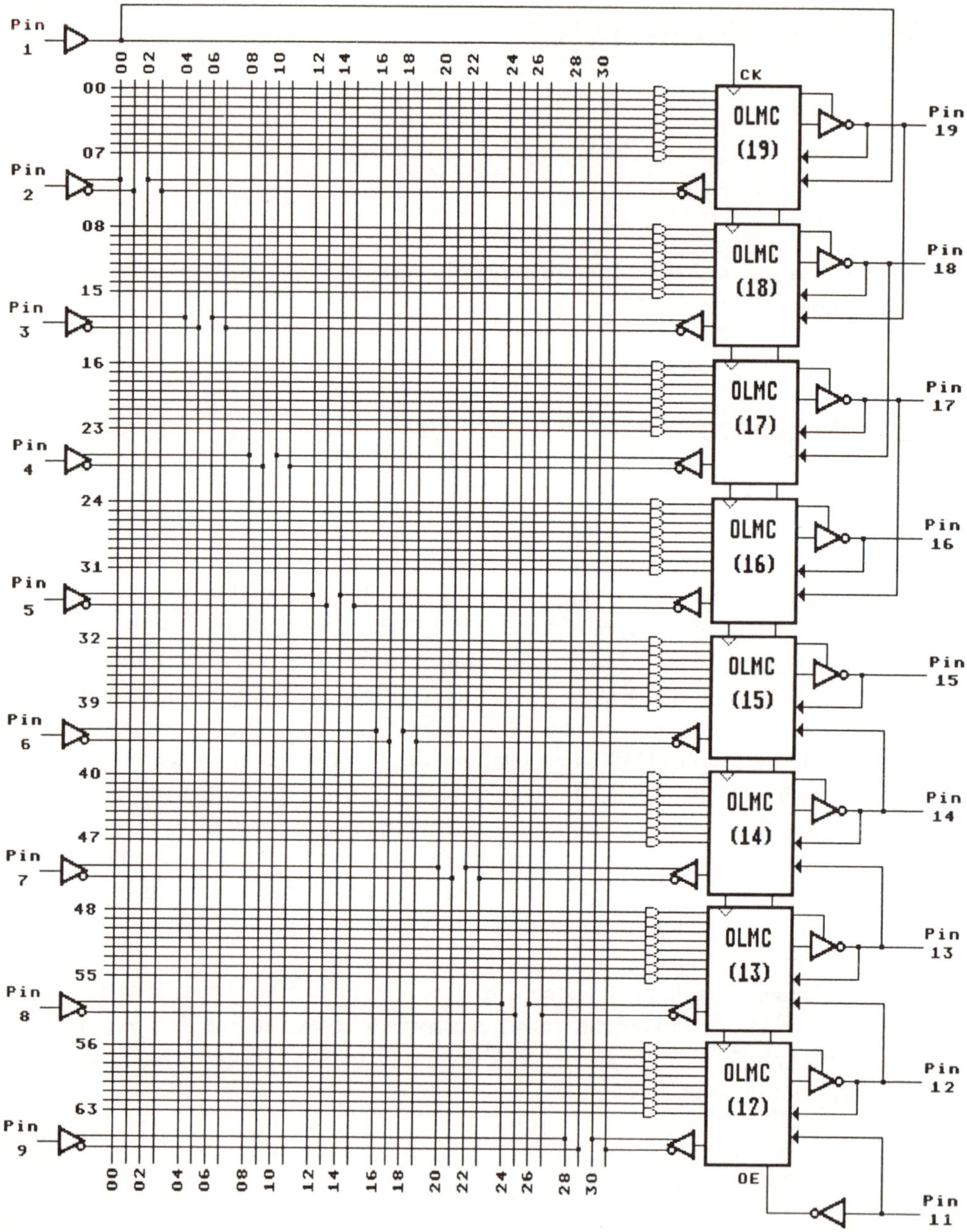

Abb. 2.1 Logikmatrix des GAL16V8

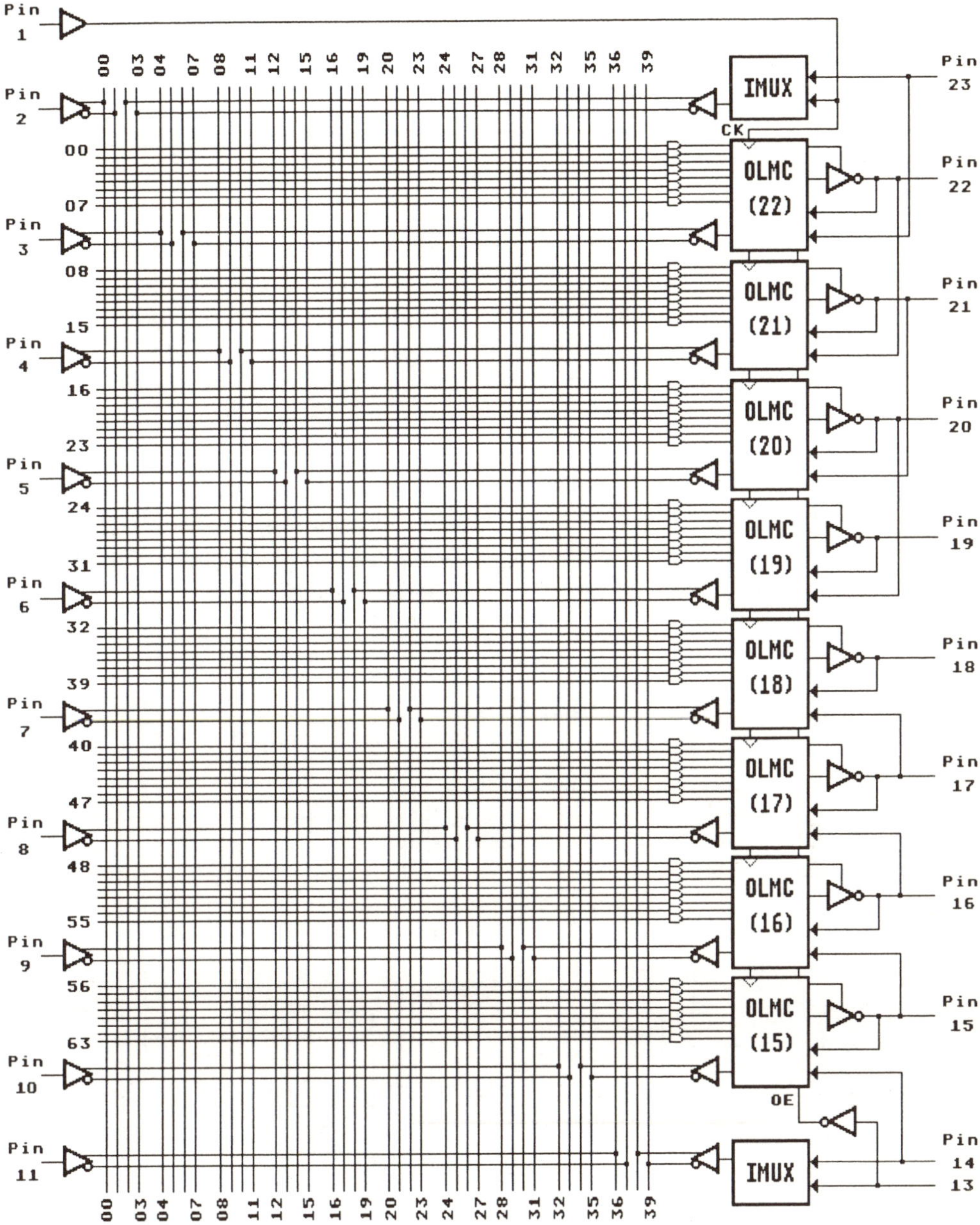

Abb. 2.2 Logikmatrix des GAL20V8

sie in verschiedenen Architekturen programmiert werden kann. Folgende Architekturen sind möglich:

- Kombinatorischer Ausgang
- Eingang
- Tristate-Ausgang und
- Registerausgang.

Darüber hinaus kann jede Ausgangszelle individuell aktiv High oder aktiv Low definiert werden. Die verschiedenen Konfigurationen der Ausgangszelle werden durch die programmierbaren Steuersignale SYN, AC0, AC1(n) und XOR(n) eingestellt. Der Anwender braucht sich während des GAL-Entwurfs über diese Signale keine Gedanken zu machen, da diese bei der Programmierung intern eingestellt werden. Für das Verständnis der universellen Ausgangszelle ist es aber notwendig, näher auf diese Signale einzugehen.

Der wesentliche Unterschied zwischen den einzelnen Steuersignalen besteht darin, daß die beiden Bits SYN und AC0 alle Ausgangszellen global definieren, während mit AC1(n) und XOR(n) jede Ausgangszelle individuell konfiguriert werden kann. „n" gibt dabei die Nummer der Ausgangszelle an.

Abb. 2.3 zeigt den inneren Aufbau der universellen Ausgangszelle, aus der

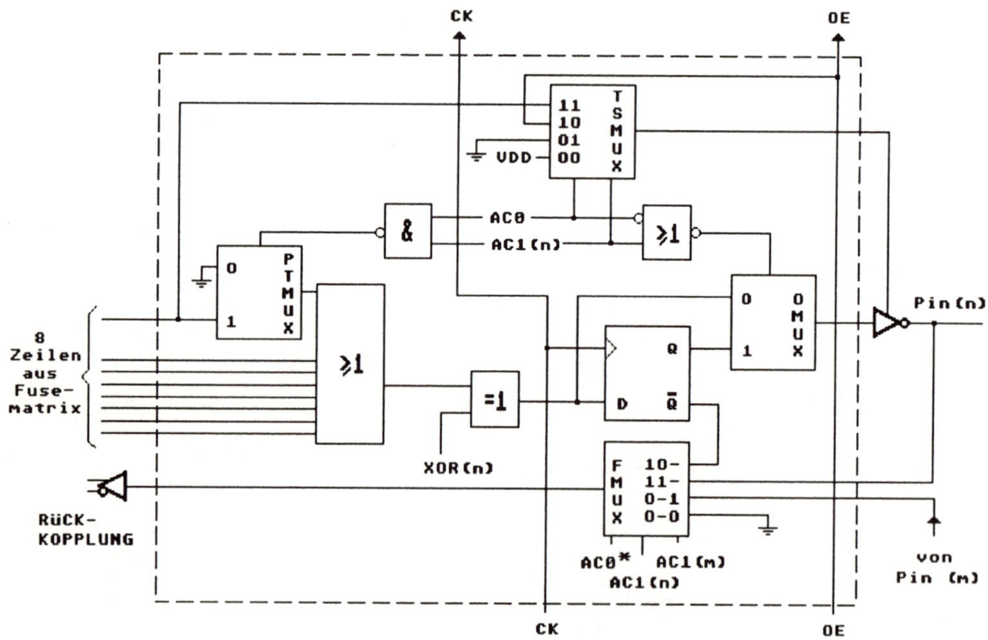

Abb. 2.3 Universelle Ausgangszelle (OLMC)

die Funktion der einzelnen Steuersignale hervorgeht. Die einzelnen Steuersignale haben dabei folgende Funktionen:

XOR(n): Mit dem Steuersignal XOR(n) kann das Ergebnis der Verknüpfung invertiert werden. Betrachtet man dazu die Wahrheitstabelle des EXOR-Gatter (*Abb. 2.4*), so fällt auf, daß für B = 1 das Ausgangssignal die Negation des Signales A ergibt. Für B = 0 hingegen wird das Signal A nicht invertiert.

EXKLUSIV-ODER
(EXOR)

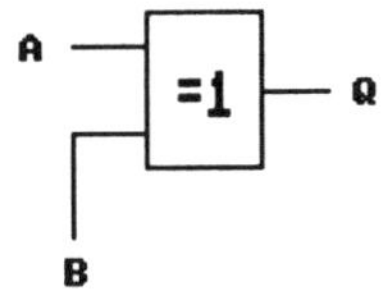

B	A	Q
0	0	0
0	1	1
1	0	1
1	1	0

Abb. 2.4 EXOR-Gatter ermöglicht wahlweises invertieren

XOR(n)	Ausgang
0	aktiv LOW
1	aktiv HIGH

Abb. 2.5 Mit dem Steuersignal XOR(n) kann jede Ausgangszelle individuell aktiv High oder aktiv Low definiert werden

Da in der GAL-Matrix der Tristate-Ausgang als Inverter realisiert ist, wird folglich für XOR(n) = 0 der Ausgang aktiv Low und für XOR(n) = 1 aktiv High (*Abb. 2.5*).

SYN: SYN bestimmt, ob das GAL kombinatorisch oder sequentiell arbeitet. Bei sequentieller Arbeitsweise (SYN = 0) ist Pin 1 der gemeinsame Takteingang der internen D-Flipflops. Pin 11 (GAL16V8) beziehungsweise Pin 13 (GAL20V8) stellt den gemeinsamen Aktivierungseingang $\overline{\text{OUTPUT ENABLE}}$ dar.
Bei kombinatorischer Arbeitsweise (SYN = 1) sind diese Pins normale Eingänge, deren Signale in die Spalten der Logikmatrix führen.

AC0
AC1(n): AC0 und AC1(n) bestimmen die Ausgangsstruktur der einzelnen Zellen:

AC0	AC1(n)	OLMC(n)
0	0	Pin n ist Ausgang
0	1	Pin n ist Eingang
1	0	Tristate-Freigabe durch Pin 11 (GAL16V8) bzw. Pin 13 (GAL20V8)
1	1	Tristate-Freigabe durch Produktterm

OLMC als...	SYN	AC0	AC1(n)	
Eingang	1	0	1	Betriebs-modus 1
kombina-torischer Ausgang	1	0	0	
Tristate-Ausgang	1	1	1	Betriebs-modus 2
Tristate-Ausgang	0	1	1	Betriebs-modus 3
Register-Ausgang	0	1	0	

Abb. 2.6 Die drei Betriebsmodi der GALs

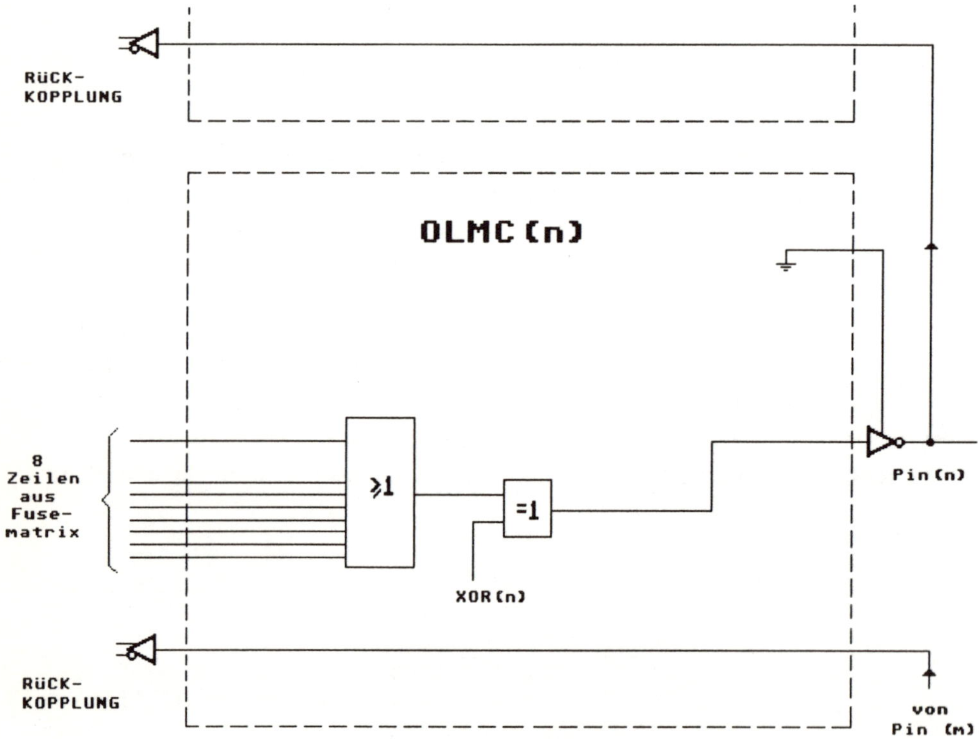

Abb. 2.7 Universelle Ausgangszelle als Eingang

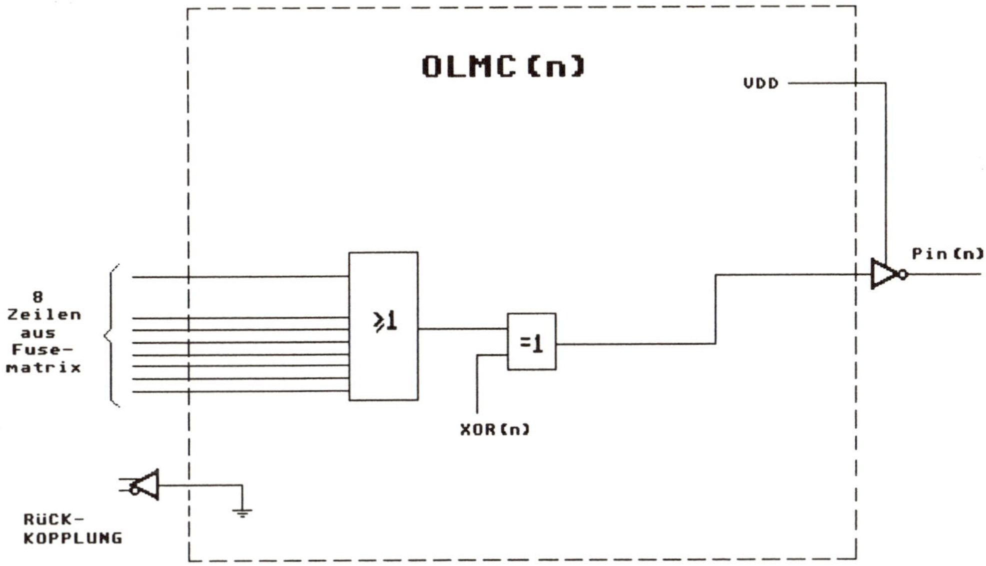

Abb. 2.8 Universelle Ausgangszelle als kombinatorischer Ausgang

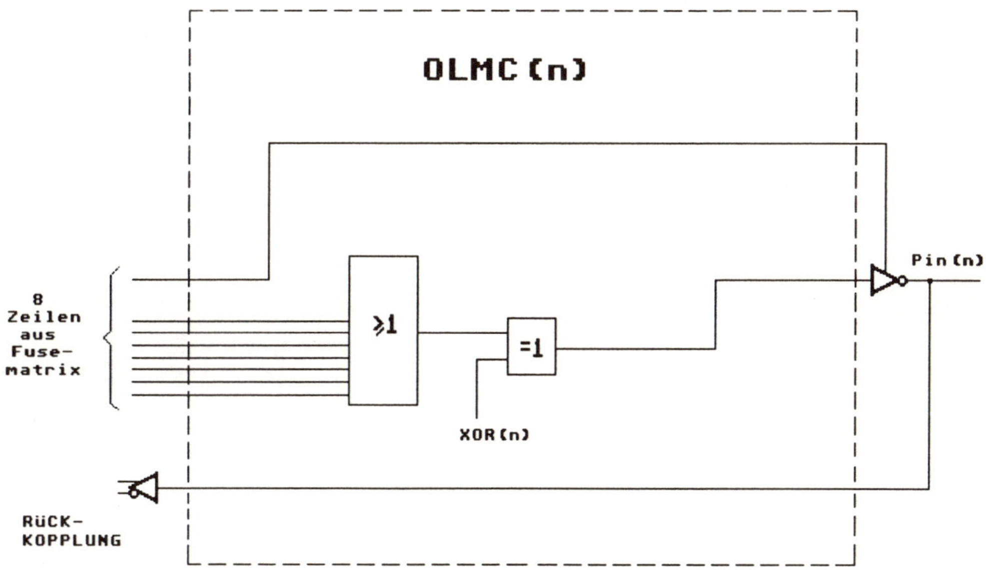

Abb. 2.9 Universelle Ausgangszelle als Tristate-Ausgang

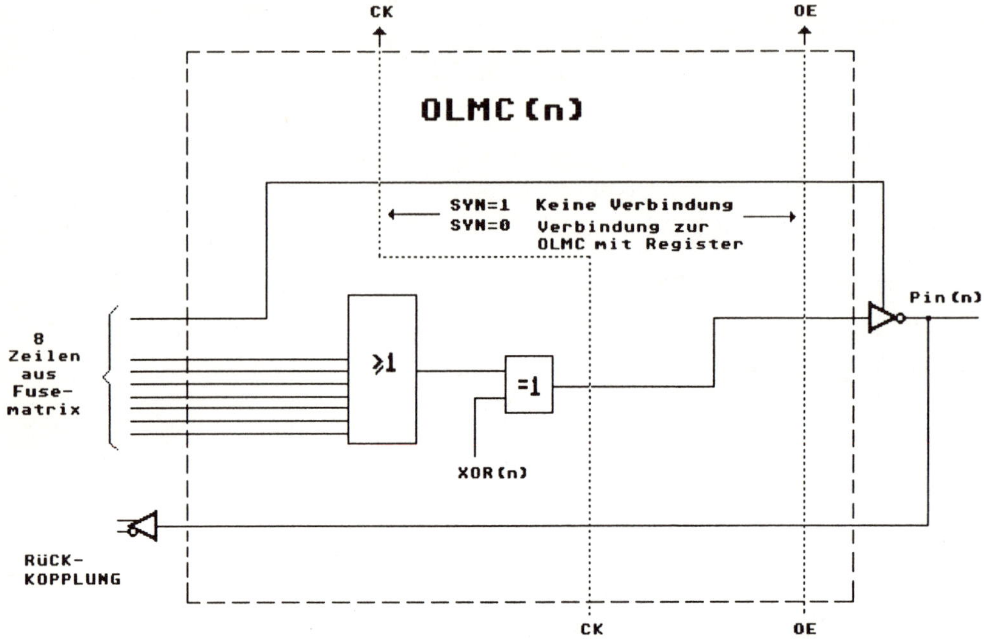

Abb. 2.10 Universelle Ausgangszelle als Tristate-Ausgang im Registermodus

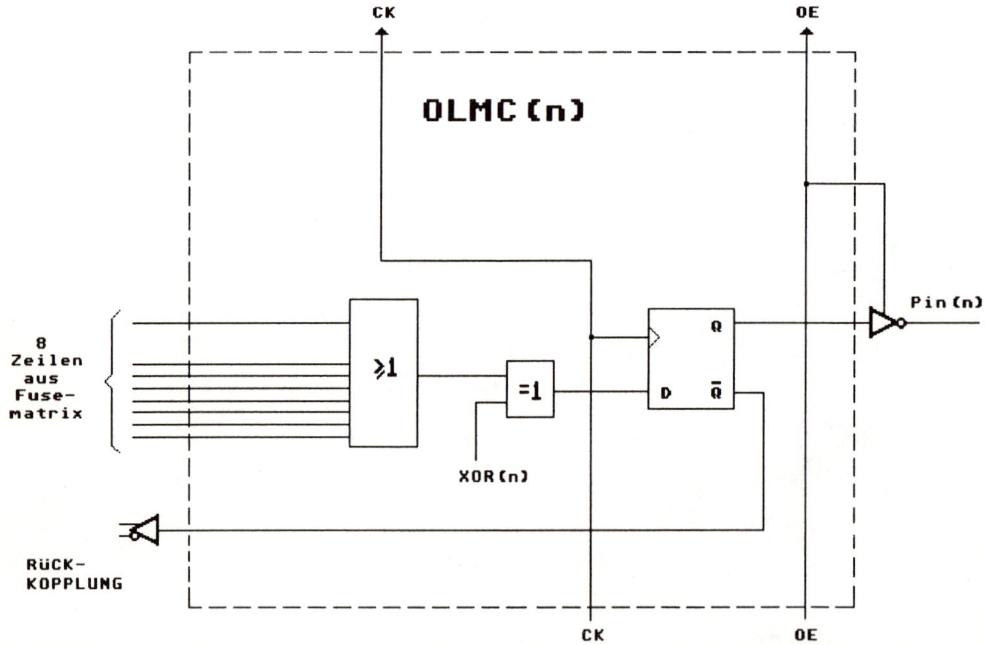

Abb. 2.11 Universelle Ausgangszelle als Registerausgang

Während die Steuersignale AC1(n) und XOR(n) jede Ausgangszelle individuell definieren, legen die Signale AC0 und SYN den Betriebsmodus fest. *Abb. 2.6* zeigt, daß grundsätzlich drei Betriebsmodi möglich sind.

Im ersten Modus kann jede Ausgangszelle entweder als kombinatorischer Ausgang oder als Eingang definiert werden. Der Ausgang ist dabei ständig aktiv und läßt sich nicht in den hochohmigen Zustand schalten. In der zweiten Betriebsart sind die Ausgangszellen Tristate-Ausgänge, deren Ausgangssignal über einen Produktterm freigegeben wird. Schließlich folgt noch der Betriebsmodus 3 mit Registerausgängen. Pin 1 ist dabei das gemeinsame Taktsignal der internen D-Flipflops, während Pin 11 (GAL16V8) beziehungsweise Pin 13 (GAL20V8) den Aktivierungseingang $\overline{\text{OUTPUT ENABLE}}$ darstellt.

Die folgenden *Abb. 2.7* bis *2.11* zeigen die universelle Ausgangszelle für alle Architekturen, die realisierbar sind. Daraus wird nochmals die Funktion der einzelnen Steuersignale deutlich.

3 Programmierung von GALs

Zur Programmierung der GAL-Bausteine stehen mittlerweile recht komfortable Programmiergeräte zur Verfügung. Zur Durchführung der Programmierung werden diese an einen Computer angeschlossen. Der GAL-Entwurf hängt dann ausschließlich von der Ausstattung der Software ab. Bei einfachen Programmen können die logischen Funktionen nur als Boole'sche Gleichungen eingegeben werden. Komfortablere Programme ermöglichen zusätzlich die Eingabe als Wahrheitstabelle (Function-Table) oder gar als Zustandstabelle (Flow-Table), die für den Entwurf sequentieller Schaltwerke geeignet ist. Bei beiden Eingabeformaten ermittelt das Programm die Schaltfunktionen der einzelnen Ausgangsvariablen. Häufig besteht noch die Möglichkeit, die Schaltfunktionen mit Hilfe der Boole'schen Algebra zu minimieren.

Alle Eingaben lassen sich mit einem Texteditor erstellen. Die meisten Programme führen zusätzlich eine Syntaxprüfung durch. Unabhängig von der verwendeten Software werden die Programmierdaten in einem genormten Format, der Jedec-Datei, abgelegt, aus der das Programmiergerät die Daten zur Programmierung der GALs erzeugt.

Die folgenden Abschnitte machen die Arbeitsweise der dazu benötigten Hard- und Software deutlich.

3.1 Interne Organisation

Bei den GAL-Bausteinen werden die Logikfunktionen durch Löschen von Sicherungen der Logikmatrix realisiert. Die Sicherungen sind EEPROM-ähnliche Schalter, die elektrisch gelöscht und anschließend wieder neu programmiert werden können. Auf dieselbe Weise müssen die Steuersignale, die die Architektur der Ausgangszellen festlegen, programmiert werden. Um an diese Sicherungen zu gelangen, ist ein GAL intern in 64 Zeilen aufgeteilt (*Abb. 3.1*). Jede Zeile enthält eine bestimmte Anzahl von Bits, von denen jedes einzelne entscheidet, ob eine Sicherung gelöscht wird oder ob sie intakt bleibt. Während des Programmiervorgangs werden die Bits mit Hilfe des internen Schieberegisters in die einzelnen Zeilen geschoben. Zur Adressierung der 64 Zeilen

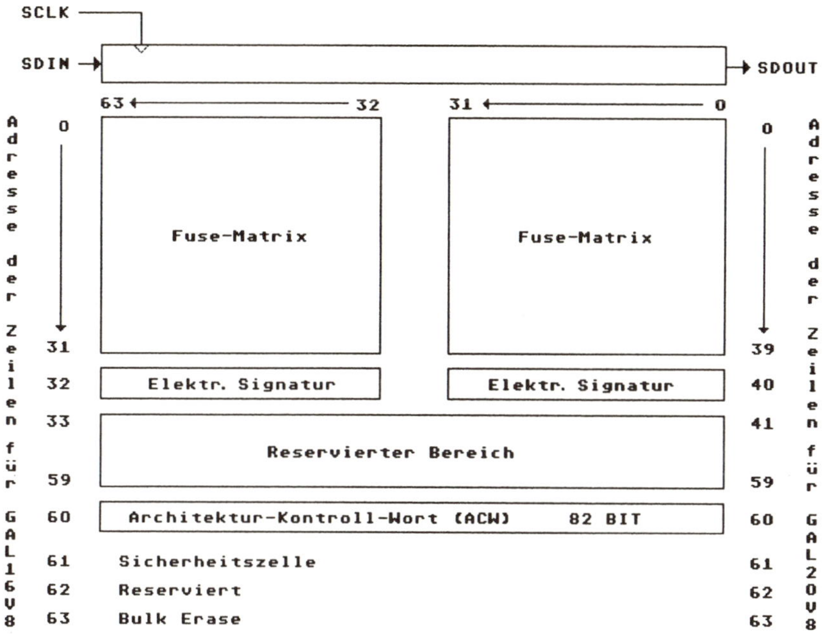

Abb. 3.1 Interne Organisation der GALs

besitzen die meisten Pins der GALs eine Doppelfunktion. Im folgenden wird für das GAL16V8 die Bedeutung der einzelnen Zeilen erläutert.

Die Zeilen 0 bis 31 ... enthalten jeweils 64 Bits, die alle aus der Logikmatrix hervorgehen. Dazu muß man nur die Logikmatrix um 90° nach rechts drehen. Die Bits der Sicherungen werden entsprechend der Logikfunktion programmiert: Soll eine Verbindung in der Logikmatrix vorhanden sein, so ist das entsprechende Bit auf 0 zu setzen. Eine 1 bedeutet, daß die Sicherung gelöscht wird.

Die Zeile 32 ... enthält das Signaturwort, in dem 64 Bits für eigene Anwenderzwecke zur Verfügung stehen. Die 64 Bits sind in 8 Bytes eingeteilt, von denen jedes einzelne ein ASCII-Zeichen darstellt. Hier kann man beispielsweise die Versionsnummer o. ä. ablegen. Unabhängig vom Zustand des Sicherheitsbits (Zeile 61) kann diese Information jederzeit ausgelesen werden.

Die Zeilen 33 bis 59 ... sind reserviert.

Die Zeile 60 ... enthält das sogenannte Architektur-Kontroll-Wort (ACW – Architecture Control Word). Es enthält 82 Bits, die die Architektur der Ausgangszellen festlegen. Hier werden die Steuersignale SYN, AC0, AC1(n) und XOR(n) programmiert. Außerdem enthält das ACW 64 Bits, mit denen die Freigabe der einzelnen Produktterme bestimmt werden kann. Wird das entsprechende Bit auf 0 gesetzt, so hat die Reihe keinen Einfluß auf das Ausgangssignal. Die Anordnung der einzelnen Bits geht aus *Abb. 3.2* hervor.

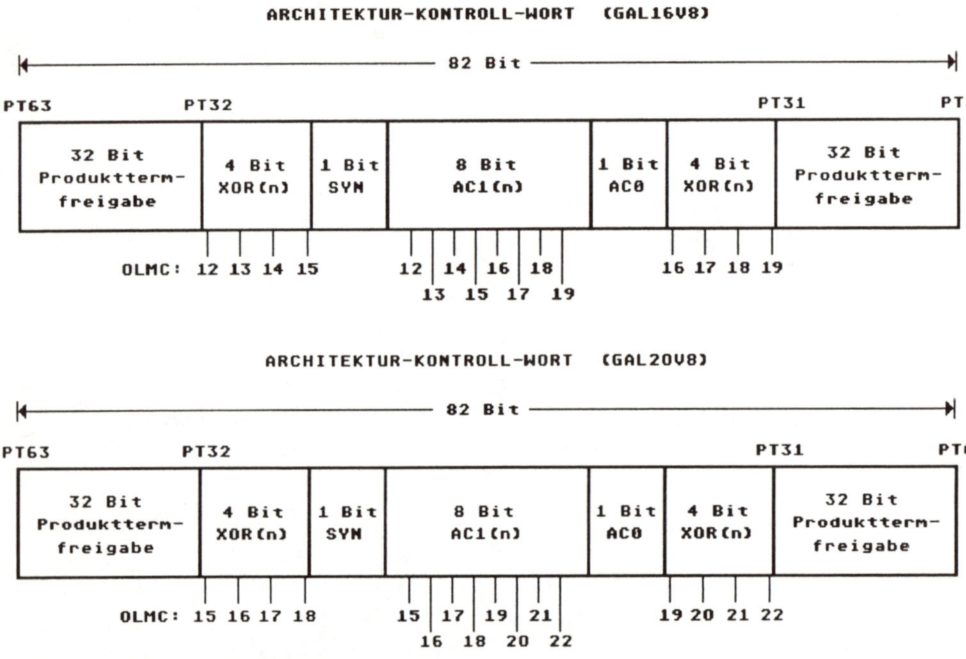

Abb. 3.2 Architektur-Kontroll-Wort (ACW) des GAL16V8 und 20V8

Die Zeile 61 ... enthält das Sicherheitsbit. Die Programmierung dieses Bits gibt dem Anwender die Möglichkeit, ein GAL gegen unerlaubtes Kopieren zu schützen. Wenn es programmiert wird, ist ein Zugriff auf die Logikfunktionen (Zeilen 0...31) verhindert. Dieses Bit kann nur mit einer Gesamtlöschung des Elements zurückgestellt werden.

Die Zeile 63 ... Durch Adressierung der Zeile 63 während eines Programmierzyklus wird das gesamte Element gelöscht. Danach ist der GAL-Baustein wieder im Urzustand.

3.2 Jedec-Format

Zur Programmierung der Logikmatrix bei PAL-Bausteinen wird eine Datei im Jedec-Format benutzt. In dieser Datei werden die Verbindungen der Logikmatrix durch Einsen und Nullen dargestellt. Anhand dieser Bits müssen die entsprechenden Bitmuster zur Programmierung erzeugt werden. Da die GAL-Matrix kompatibel zu den PAL-Bausteinen ist, können vorhandene Jedec-Dateien, die zur Programmierung von PALs dienten, nach wie vor verwendet werden. Die Datei muß lediglich um die zusätzliche Information des Architektur-Kontroll-Wortes erweitert werden. Dies kann mit Hilfe eines Texteditors erfolgen, da die Jedec-Datei nur ASCII-Zeichen enthält. Die Erweiterung ist bei den PAL-Bausteinen nicht notwendig, da die Architektur der Ausgangszellen nicht verändert werden kann.

Aus der Jedec-Datei geht hervor, welche Sicherungen in der Logikmatrix programmiert werden. Eine 1 bedeutet, daß die Sicherung an der betreffenden Stelle gelöscht wird, während bei einer 0 die Sicherung intakt bleibt. Jedes einzelne Bit wird zusätzlich einer Fuse-Adresse (Fuse = Sicherung) zugeordnet.

```
*L0000 01111111101110111111111111111111
*L0032 10111111111111111111111111110111
*L0064 01101011111111110111111111111011
*L0096 11110111111111111111011101111111
*L0128 11010111111111110111011101111111
*L0160 00000000000000000000000000000000
*L0192 00000000000000000000000000000000
*L0224 00000000000000000000000000000000
```

Abb. 3.3 Auszug aus einer Jedec-Datei des GAL16V8

Abb. 3.3 zeigt den Auszug aus einer Jedec-Datei des GAL16V8. Man erkennt, daß die Reihen mit einem L, gefolgt von der Fuse-Adresse der ersten Sicherung der folgenden Reihe, beginnen. Danach sind die einzelnen Bits, die die Verbindung der Logikmatrix darstellen, angegeben (1 = Sicherung gelöscht, 0 = Sicherung intakt). Die 32 Bits jeder Reihe entsprechen den Spalten der Logikmatrix. Die 32 Bits der ersten Reihe (Adresse 0000....0031) enthalten die Verknüpfungen des ersten Produktterms. Daraus geht beispielsweise hervor, daß die drei Signale der Spalten 0, 9 und 13 undverknüpft werden. Aus der Logikmatrix des GAL16V8 (Abb. 2.1) ist ersichtlich, daß dies die Signale an Pin 2, Pin 4 (invertiert) und Pin 5 (invertiert) sind. Die zweite Reihe enthält zwei Nullen, die den Fuse-Adressen 0033 und 0060 zugeordnet sind. Dies sind die Signale der Spalten 1 und 28 der Logikmatrix.

Alle acht Reihen, bestehend aus 256 Bits mit den Fuse-Adressen 0000 bis 0255, ergeben die acht Produktterme, die in der Ausgangszelle OLMC(19) oderverknüpft werden. Um alle Verknüpfungen der acht Ausgangszellen zu programmieren, sind folglich 8 × 256 = 2048 Bits notwendig. Neben den Verknüpfungen der Logikmatrix müssen auch die Steuersignale SYN, AC0, AC1(n) und XOR(n), das Signaturwort (64 Bits) sowie die 64 Bits zur Produkttermfreigabe programmiert werden. Insgesamt legen beim GAL16V8 demnach 2194 programmierbare Bits die Funktion des Bausteins fest. Jedes einzelne Bit wird in der Jedec-Datei einer Adresse zugeordnet. *Abb. 3.4* zeigt die Belegung der Fuse-Adressen der beiden GALs 16V8 und 20V8.

```
                F u s e - A d r e s s e n

      GAL16V8

    0000 - 2047    Verbindungen der Logikmatrix
    2048 - 2055    XOR-Bit für OLMC 19 bis 12
    2056 - 2119    Elektronische Signatur
                   64 Bit für eigene Anwendung
    2120 - 2127    AC1-Bit für OLMC 19 bis 12
    2128 - 2191    Produkttermfreigabe PT0 bis PT63
    2192           SYN-Bit
    2193           AC0-Bit

      GAL20V8

    0000 - 2559    Verbindungen der Logikmatrix
    2560 - 2567    XOR-Bit für OLMC 22 bis 15
    2568 - 2631    Elektronische Signatur
                   64 Bit für eigene Anwendung
    2632 - 2639    AC1-Bit für OLMC 22 bis 15
    2640 - 2703    Produkttermfreigabe PT0 bis PT63
    2704           SYN-Bit
    2705           AC0-Bit
```

Abb. 3.4 Fuseadressen der GALs 16V8 und 20V8

3.3 GAL im Programmiermodus

Zu Beginn des Kapitels 3 wurde bereits angedeutet, daß die meisten Pins der GALs eine Doppelfunktion haben. Dies ist notwendig, da im Programmiermodus mit Hilfe des internen Schieberegisters die Daten in die 64 Zeilen geschoben werden müssen. *Abb. 3.5* zeigt die Pinbelegung der beiden GALs während des

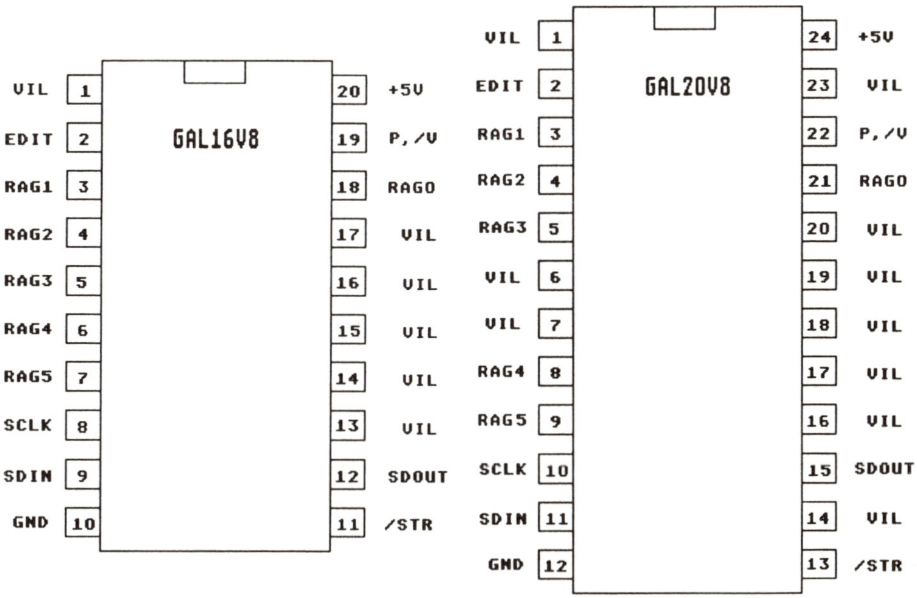

Abb. 3.5 Pinbelegung der GALs im Programmiermodus

Programmiervorgangs. Man erkennt die Signale RAG0...RAG5, mit denen die internen Zeilen adressiert werden. Dazu sind genau 6 Bit nötig. Soll sich das GAL im Programmiermodus befinden, so muß an Pin 2 (EDIT) eine Spannung von 16,5 V gelegt werden. Das Signal P,/V legt fest, ob das GAL programmiert wird (P = Programmieren) oder ob die Daten ausgelesen werden (V = Verify). Die Signale SCLK, SDIN und SDOUT steuern das interne Schieberegister, mit dem die einzelnen Bits in die Zeilen geschoben werden. Der Programmiervorgang läuft im einzelnen wie folgt ab:

Programmieren	Auslesen
1. EDIT = 16,5 V	1. EDIT = 16,5 V
2. P,/V = High	2. P,/V = Low

3. Mit den Signalen RAG0...RAG5 werden die Zeilen adressiert.

3. Mit den Signalen RAG0...RAG5 werden die Zeilen adressiert.

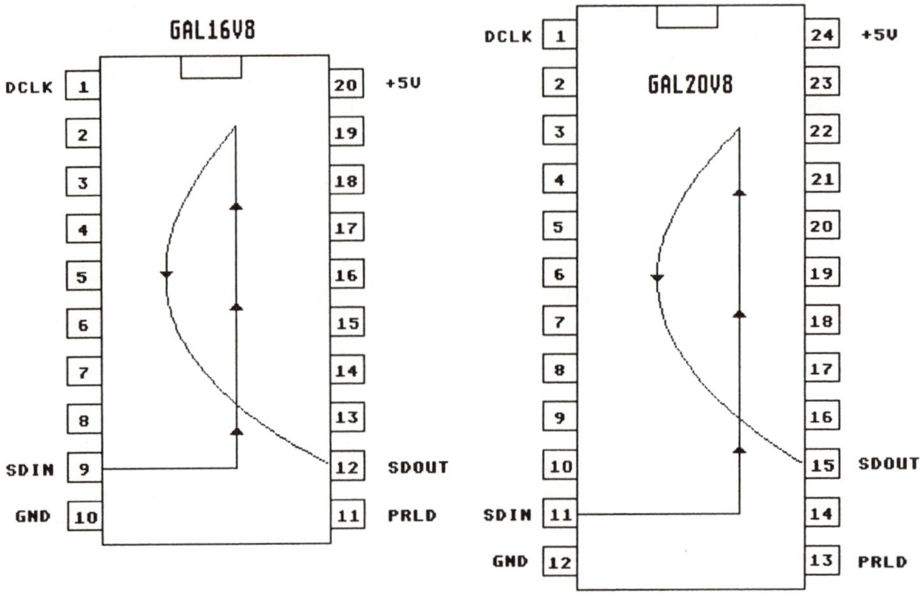

Abb. 3.6 Pinbelegung der GALs in der Testbetriebsart

4. Mit SCLK werden die Bits, die an SDIN anliegen, ins Schieberegister getaktet.
5. Mit einem 10-ms-Impuls an /STR wird die ausgewählte Zeile beschrieben.

4. Mit einem /STR-Impuls wird das Schieberegister geladen.
5. Die einzelnen Bits können nun mit SLCK am Pin SDOUT ausgelesen werden.

3.4 Vorladen der Ausgangsregister

Wenn Systeme geprüft werden, müssen alle möglichen Zustände und Zustandsübergänge und nicht nur die, die im normalen Betrieb auftreten können, untersucht werden. Der Grund dafür ist, daß im normalen Betrieb die Logik durch Störungen irgendwelcher Art wie z. B. Versorgungsspannungseinbrüche oder Spannungsspitzen auf der Versorgungsspannung einen nicht erlaubten

Zustand einnehmen kann. Um ein System dahingehend zu prüfen, ob ein solcher Zustand in der richtigen Weise behandelt wird, muß eine Methode zur Verfügung stehen, die Rückkopplungspfade zu unterbrechen und die Register auf jeden Zustand (gültig oder nicht) einzustellen. In der Folge wird dann geprüft, ob das System die gewollten Folgezustände einnimmt. Es gibt in den GALs eine Schaltung, die es erlaubt, im synchronen Betrieb jeden Registerausgang voreinzustellen. So kann jeder mögliche Zustand erzwungen werden. In *Abb. 3.6* sind die Anschlußfunktionen in der logischen Testbetriebsart dargestellt.

Diese Betriebsart wird dann aktiviert, wenn PRLD auf 15 V gelegt wird. Dadurch werden der serielle Eingang SDIN und der serielle Ausgang SDOUT aktiv. Bei jeder positiven Flanke des Taktes DCLK werden die Daten an SDIN in die Ausgangsregister geschoben. Betroffen sind nur die Ausgangszellen, die als Registerausgang konfiguriert sind. Wenn nur drei Ausgänge derart eingestellt sind, müssen auch nur 3 Bits eingeschoben werden. Die Bits werden dabei von unten nach oben geschoben.

4 Grundlagen der Schaltalgebra

Die Schaltalgebra ist ein unentbehrliches Hilfsmittel zur Entwicklung digitaler Schaltungen. Sie basiert auf der Boole'schen Algebra, die im 19. Jahrhundert von Georg Boole entwickelt wurde. Die Schaltalgebra ist eine von Shannon weiter entwickelte Form, die es ermöglicht, digitale Schaltungen mathematisch zu beschreiben. Der wesentliche Unterschied zur herkömmlichen Algebra besteht darin, daß eine Funktion und deren Variablen nur die beiden Werte 0 (Low) oder 1 (High) annehmen können. In den folgenden Abschnitten werden die Grundlagen der Schaltalgebra erläutert.

4.1 Die logischen Grundoperationen

Eine logische Variable kann nur die zwei binären Werte 0 oder 1 annehmen. Auf diese binäre Werte können verschiedene Operationen angewandt werden. Die Bausteine zur Realisierung dieser Operationen werden als binäre Verknüpfungsglieder oder Gatter bezeichnet. *Abb. 4.1* gibt eine Übersicht über die gebräuchlichen Operationen.

4.2 Rechenregeln der Schaltalgebra

Es gibt drei grundlegende Verknüpfungen zwischen zwei logischen Variablen. Es sind dies die Undverknüpfung (Konjunktion), die Oderverknüpfung (Disjunktion) und die Negation. Diese Verknüpfungen werden wie folgt dargestellt:

Und $Q = A \wedge B = A \cdot B$
Oder $Q = A \vee B = A + B$
Negation $Q = \overline{A}$

Für diese Verknüpfungen gilt eine Reihe von Rechenregeln, die in *Abb. 4.2* zusammengestellt sind.

Operation — **Wahrheitstabelle** — **Schaltzeichen**

UND (AND)

B	A	Q
0	0	0
0	1	0
1	0	0
1	1	1

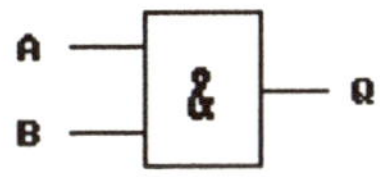

ODER (OR)

B	A	Q
0	0	0
0	1	1
1	0	1
1	1	1

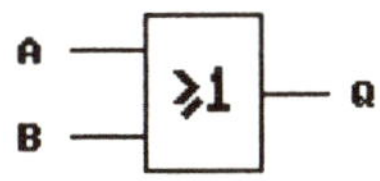

NICHT (NOT)

A	Q
0	1
1	0

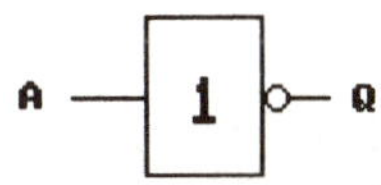

NAND

B	A	Q
0	0	1
0	1	1
1	0	1
1	1	0

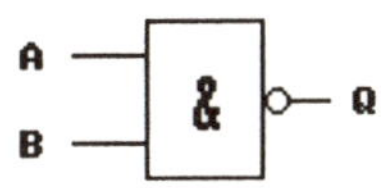

NOR

B	A	Q
0	0	1
0	1	0
1	0	0
1	1	0

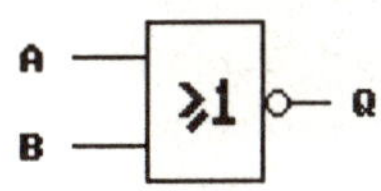

ANTIVALENZ (EXKLUSIV-ODER) (EXOR)

B	A	Q
0	0	0
0	1	1
1	0	1
1	1	0

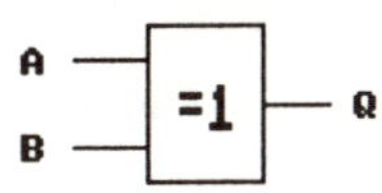

ÄQUIVALENZ (EX-NOR)

B	A	Q
0	0	1
0	1	0
1	0	0
1	1	1

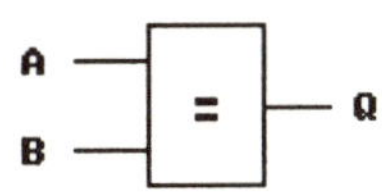

Abb. 4.1 Übersicht über die Grundoperationen

$$\overline{1} = 0$$
$$\overline{0} = 1$$
$$0 \cdot 0 = 0$$
$$0 \cdot 1 = 0$$
$$1 \cdot 1 = 1$$

$$0 + 0 = 0$$
$$0 + 1 = 1$$
$$1 + 1 = 1$$

$$A \cdot A = A$$
$$A \cdot 1 = A$$
$$A \cdot 0 = 0$$
$$A \cdot \overline{A} = 0$$

$$A + A = A$$
$$A + 1 = 1$$
$$A + 0 = A$$
$$A + \overline{A} = 1$$

Theoreme

$$AB = BA$$
$$A+B = B+A$$
$$A(BC) = (AB)C$$
$$A+(B+C) = (A+B)+C$$
$$(A+B)(A+C) = A+BC$$
$$AB+AC = A(B+C)$$
$$A+AB = A$$
$$A(A+B) = A$$
$$A+\overline{A}B = A+B$$
$$A(\overline{A}+B) = AB$$

Theoreme von DE MORGAN

$$\overline{A+B} = \overline{A} \cdot \overline{B}$$
$$\overline{A \cdot B} = \overline{A}+\overline{B}$$

Abb. 4.2 Rechenregeln der Boolschen Algebra

4.3 Aufstellung der Schaltfunktion

In der Digitaltechnik ist die Problemstellung häufig in Form einer Wahrheitstabelle gegeben. In dieser Tabelle sind alle Variablenkombinationen aufgeführt und jeder Kombination ist der entsprechende Funktionswert (0 oder 1) zugeordnet. Die Aufgabe besteht nun darin, eine Funktion (Schaltfunktion) zu finden, die diese Wahrheitstabelle erfüllt. Die Schaltfunktion wird dann so weit als möglich vereinfacht und auf die Hardware umgesetzt. Beim Einsatz eines GALs fällt die Umsetzung auf die Hardware leicht. Ein GAL-Assembler erzeugt aus der eingegebenen Schaltfunktion die notwendigen Daten für das GAL. Das folgende Beispiel verdeutlicht die Vorgehensweise beim Aufstellen der Schaltfunktion.

Beispiel:
Eine Steuerungsaufgabe wurde durch folgende Wahrheitstabelle beschrieben.

Eingangsvariablen			Ausgangsvariable
C	B	A	Q
0	0	0	0
0	0	1	1
0	1	0	1
0	1	1	1
1	0	0	0
1	0	1	0
1	1	0	0
1	1	1	1

Aus der Wahrheitstabelle läßt sich nun die Schaltfunktion für die Ausgangsvariable Q in Form der „disjunktiven Normalform" (DNF) ableiten:

$$Q = A \cdot \overline{B} \cdot \overline{C} + \overline{A} \cdot B \cdot \overline{C} + A \cdot B \cdot \overline{C} + A \cdot B \cdot C$$

Dabei sucht man zuerst in der Wahrheitstabelle alle Zeilen auf, in denen die Ausgangsvariable den Wert 1 annimmt. In jeder dieser Zeilen werden die Eingangsvariablen zu einem Produktterm zusammengefaßt. Dabei wird die entsprechende Variable invertiert, wenn sie den Wert 0 aufweist, andernfalls bleibt sie unverändert. Die disjunktive Normalform der Schaltfunktion erhält man dann durch Oder-Verknüpfung aller Produktterme. Die gefundene Schaltfunktion kann nun durch Anwendung der Rechenregeln und Theoreme vereinfacht werden, so daß die Anzahl der benötigten Gatter reduziert wird. Dabei geht man folgendermaßen vor:

1. Man sucht in der gefundenen Schaltfunktion paarweise alle Produktterme, die sich nur in einer Variablen unterscheiden (notfalls schon vorhandene Produktterme hinzufügen).
2. Durch Ausklammern der gemeinsamen Variablen und Anwendung des Gesetzes $A + \overline{A} = 1$ läßt sich eine Variable eliminieren.

Die Schaltfunktion im Beispiel läßt sich dadurch wie folgt vereinfachen:

unterscheiden sich
nur in Variable A

$$Q = A \cdot \overline{B} \cdot \overline{C} + \overline{A} \cdot B \cdot \overline{C} + A \cdot B \cdot \overline{C} + A \cdot B \cdot C$$

unterscheiden sich
nur in Variable B

unterscheiden sich
nur in Variable C

$$Q = A \cdot \overline{B} \cdot \overline{C} + \overline{A} \cdot B \cdot \overline{C} + A \cdot B \cdot \overline{C} + A \cdot B \cdot C + A \cdot B \cdot \overline{C} + A \cdot B \cdot \overline{C}$$

hinzugefügte
Produktterme

$$Q = A \cdot \overline{C} \cdot (B + \overline{B}) + B \cdot \overline{C} \, (A + \overline{A}) + A \cdot B \cdot (C + \overline{C})$$

$$Q = A \cdot \overline{C} + B \cdot \overline{C} + A \cdot B$$

In Kapitel 4.4 wird ein grafisches Verfahren zur Vereinfachung der Schaltfunktion beschrieben, das leichter zum Ziel führt.

Falls in der Wahrheitstabelle mehr Einsen als Nullen stehen, läßt sich von vornherein eine Vereinfachung vornehmen. Man stellt die Schaltfunktion nicht für die Ausgangsvariable Q auf, sondern für die negierte Variable $\overline{Q}$. Dieser Ansatz ist besonders bei der Programmierung von GALs von großer Bedeutung, da hier Low-aktive Ausgänge zur Verfügung stehen. Das folgende Beispiel verdeutlicht dies anhand der Wahrheitstabelle des Oder-Gatters.

Beispiel:
Disjunktive Normalform des Oder-Gatters

B	A	Q	$\overline{Q}$
0	0	0	1
0	1	1	0
1	0	1	0
1	1	1	0

Disjunktive Normalform:
aktiv High: $Q = A \cdot \overline{B} + \overline{A} \cdot B + A \cdot B$
aktiv Low: $\overline{Q} = \overline{A} \cdot \overline{B}$

4.4 Das Karnaugh-Diagramm

Das Karnaugh-Diagramm ist die leichteste Methode, eine einfache Form für die Schaltfunktion zu finden. Hierbei werden alle möglichen Kombinationen der

Wahrheitstabelle

Nr.	C	B	A
0	0	0	0
1	0	0	1
2	0	1	0
3	0	1	1
4	1	0	0
5	1	0	1
6	1	1	0
7	1	1	1

Karnaugh-Diagramm

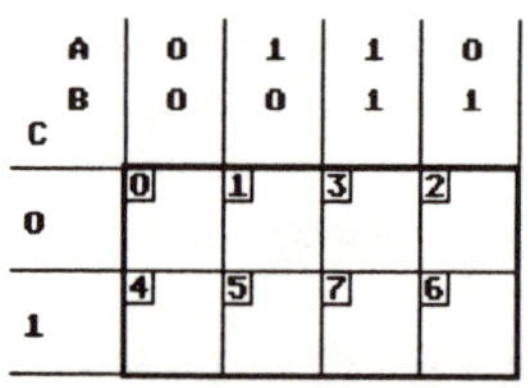

Nr.	D	C	B	A
0	0	0	0	0
1	0	0	0	1
2	0	0	1	0
3	0	0	1	1
4	0	1	0	0
5	0	1	0	1
6	0	1	1	0
7	0	1	1	1
8	1	0	0	0
9	1	0	0	1
10	1	0	1	0
11	1	0	1	1
12	1	1	0	0
13	1	1	0	1
14	1	1	1	0
15	1	1	1	1

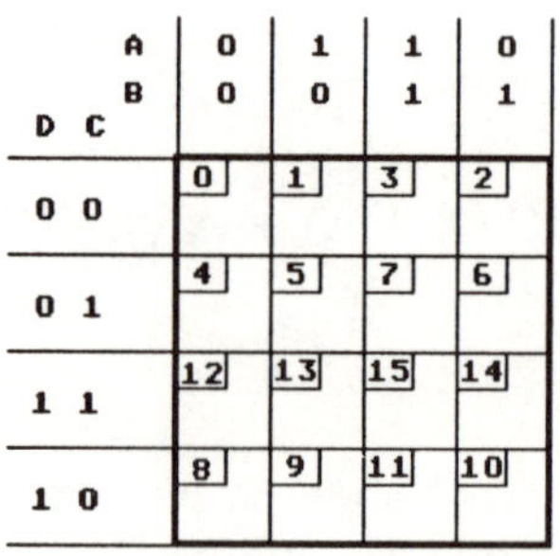

Abb. 4.3 Wahrheitstabelle und Karnaugh-Diagramm für 3 und 4 Eingangsvariablen

Eingangsvariablen in einem Diagramm dargestellt. Für n Variablen benötigt man dazu 2^n Felder. Die Anordnung der Eingangsvariablen ist in diesem Diagramm so vorgenommen, daß sich horizontal oder vertikal benachbarte Felder nur in einer Variablen unterscheiden.

Aus *Abb. 4.3* wird deutlich, daß das Karnaugh-Diagramm nur eine andere Schreibweise der Wahrheitstabelle ist. Jede Zeile der Wahrheitstabelle entspricht einem Feld im Karnaugh-Diagramm.

Bevor man mit Hilfe des Karnaugh-Diagramms die minimierte Schaltfunktion aufstellt, müssen die logischen Zustände der Ausgangsvariablen ins Karnaugh-Diagramm eingetragen werden. Dazu schreibt man jeden Funktionswert

Nr.	C	B	A	Q
0	0	0	0	0
1	0	0	1	1
2	0	1	0	0
3	0	1	1	1
4	1	0	0	0
5	1	0	1	1
6	1	1	0	0
7	1	1	1	1

A	0	1	1	0
B	0	0	1	1
C				
0	0	1	1	0
1	0	1	1	0

$Q = A$

Nr.	C	B	A	Q
0	0	0	0	1
1	0	0	1	0
2	0	1	0	1
3	0	1	1	0
4	1	0	0	1
5	1	0	1	0
6	1	1	0	1
7	1	1	1	0

A	0	1	1	0
B	0	0	1	1
C				
0	1	0	0	1
1	1	0	0	1

$Q = \bar{A}$

Abb. 4.4 Beispiele zum Karnaugh-Diagramm mit 3 Variablen

Nr.	C	B	A	Q
0	0	0	0	0
1	0	0	1	0
2	0	1	0	0
3	0	1	1	1
4	1	0	0	1
5	1	0	1	0
6	1	1	0	1
7	1	1	1	0

A	0	1	1	0
B	0	0	1	1
C				
0	0	0	1	0
1	1	0	0	1

$Q = A \cdot B \cdot \bar{C} + \bar{A} \cdot C$

Nr.	C	B	A	Q
0	0	0	0	0
1	0	0	1	1
2	0	1	0	0
3	0	1	1	0
4	1	0	0	1
5	1	0	1	1
6	1	1	0	0
7	1	1	1	1

A	0	1	1	0
B	0	0	1	1
C				
0	0	1	0	0
1	1	1	1	0

$Q = C \cdot \bar{B} + A \cdot \bar{B} + A \cdot C$

Nr.	D	C	B	A	Q
0	0	0	0	0	1
1	0	0	0	1	1
2	0	0	1	0	1
3	0	0	1	1	1
4	0	1	0	0	1
5	0	1	0	1	1
6	0	1	1	0	1
7	0	1	1	1	1
8	1	0	0	0	0
9	1	0	0	1	0
10	1	0	1	0	0
11	1	0	1	1	0
12	1	1	0	0	1
13	1	1	0	1	1
14	1	1	1	0	0
15	1	1	1	1	0

A	0	1	1	0
B	0	0	1	1
D C				
0 0	1	1	1	1
0 1	1	1	1	1
1 1	1	1	0	0
1 0	0	0	0	0

$$Q = \overline{D} + \overline{B} \cdot C$$

Nr.	D	C	B	A	Q
0	0	0	0	0	0
1	0	0	0	1	0
2	0	0	1	0	1
3	0	0	1	1	0
4	0	1	0	0	0
5	0	1	0	1	1
6	0	1	1	0	0
7	0	1	1	1	0
8	1	0	0	0	0
9	1	0	0	1	0
10	1	0	1	0	1
11	1	0	1	1	0
12	1	1	0	0	0
13	1	1	0	1	1
14	1	1	1	0	0
15	1	1	1	1	0

A	0	1	1	0
B	0	0	1	1
D C				
0 0	0	0	0	1
0 1	0	1	0	0
1 1	0	1	0	0
1 0	0	0	0	1

$$Q = A \cdot \overline{B} \cdot C + \overline{A} \cdot B \cdot \overline{C}$$

Abb. 4.5a Beispiele zum Karnaugh-Diagramm mit 4 Eingangsvariablen

in das dazugehörige Feld. Anschließend versucht man mit möglichst wenig Rechtecken alle Einsen zusammenzufassen. Jedes Rechteck läßt sich dann als Produktterm darstellen, indem nur die Eingangsvariablen berücksichtigt werden, die in allen Feldern des Rechteckes einen konstanten Wert aufweisen. Die vereinfachte Schaltfunktion erhält man schließlich durch Oderverknüpfung aller Produktterme. Die Anzahl der Rechtecke, mit denen alle Einsen abgedeckt werden, bestimmt also wieviel Produktterme für die Schaltfunktion notwendig sind. Zur Bildung der Rechtecke müssen allerdings folgende Regeln eingehalten werden:

1. Man faßt mit möglichst wenig Rechtecken alle Einsen zusammen.
2. Die Anzahl der Einsen innerhalb eines Rechteckes muß eine Zweierpotenz sein (1, 2, 4, 8 ...).
3. Einzelne Felder können in mehreren Rechtecken auftreten.
4. Die Rechtecke können über die Ränder des Karnaugh-Diagramms hinaus zum gegenüberliegenden Rand gebildet werden.

Die folgenden *Abb. 4.4* und *4.5* zeigen einige Beispiele zum Karnaugh-Diagramm.

Nr.	D	C	B	A	Q
0	0	0	0	0	1
1	0	0	0	1	1
2	0	0	1	0	0
3	0	0	1	1	0
4	0	1	0	0	0
5	0	1	0	1	1
6	0	1	1	0	1
7	0	1	1	1	0
8	1	0	0	0	0
9	1	0	0	1	1
10	1	0	1	0	0
11	1	0	1	1	1
12	1	1	0	0	0
13	1	1	0	1	1
14	1	1	1	0	1
15	1	1	1	1	0

D C \ A B	A 0, B 0	A 1, B 0	A 1, B 1	A 0, B 1
U U	1	1	0	0
0 1	0	1	0	1
1 1	0	1	0	1
1 0	0	1	1	0

$Q = \overline{B} \cdot \overline{C} \cdot \overline{D} + A \cdot \overline{B} + \overline{A} \cdot B \cdot C$

Nr.	D	C	B	A	Q
0	0	0	0	0	1
1	0	0	0	1	0
2	0	0	1	0	1
3	0	0	1	1	0
4	0	1	0	0	0
5	0	1	0	1	1
6	0	1	1	0	0
7	0	1	1	1	1
8	1	0	0	0	1
9	1	0	0	1	0
10	1	0	1	0	1
11	1	0	1	1	0
12	1	1	0	0	0
13	1	1	0	1	0
14	1	1	1	0	0
15	1	1	1	1	1

D C \ A B	A 0, B 0	A 1, B 0	A 1, B 1	A 0, B 1
0 0	1	0	0	1
0 1	0	1	1	0
1 1	0	0	1	0
1 0	1	0	0	1

$Q = \overline{A} \cdot \overline{C} + A \cdot \overline{D} \cdot C + A \cdot B \cdot C$

Abb. 4.5b Beispiele zum Karnaugh-Diagramm mit 4 Eingangsvariablen

Nr.	C	B	A	Q
0	0	0	0	1
1	0	0	1	1
2	0	1	0	X
3	0	1	1	1
4	1	0	0	0
5	1	0	1	X
6	1	1	0	0
7	1	1	1	0

C \ A B	A 0, B 0	A 1, B 0	A 1, B 1	A 0, B 1
0	1	1	1	X
1	0	X	0	0

$Q = \overline{C}$

Nr.	D	C	B	A	Q
0	0	0	0	0	1
1	0	0	0	1	0
2	0	0	1	0	X
3	0	0	1	1	0
4	0	1	0	0	1
5	0	1	0	1	X
6	0	1	1	0	X
7	0	1	1	1	0
8	1	0	0	0	X
9	1	0	0	1	1
10	1	0	1	0	X
11	1	0	1	1	X
12	1	1	0	0	X
13	1	1	0	1	1
14	1	1	1	0	0
15	1	1	1	1	1

D C \ A B	A 0, B 0	A 1, B 0	A 1, B 1	A 0, B 1
0 0	1	0	0	X
0 1	1	X	0	X
1 1	X	1	1	0
1 0	X	1	X	X

$Q = \overline{A} \cdot \overline{B} + A \cdot D$

Abb. 4.6 Karnaugh-Diagramme mit X (don't care)-Bedingung

Es gibt auch Schaltfunktionen, bei denen nicht alle möglichen Kombinationen der Eingangsvariablen verwendet werden. Die nicht verwendeten Funktionen sind hier für das Ergebnis bedeutungslos. Solche Terme werden im Karnaugh-Diagramm durch ein X (don't care) gekennzeichnet. Zur Ermittlung der Schaltfunktion können sie wahlweise mit 0 oder 1 bewertet werden (*Abb. 4.6*).

Zur Minimierung der Schaltfunktion lassen sich auch Karnaugh-Diagramme für mehr als vier Eingangsvariablen einsetzen. Man muß allerdings auch hier beachten, daß sich horizontal oder vertikal benachbarte Felder nur in einer Variablen unterscheiden. Ferner bleiben die Regeln zur Bildung der Rechtecke unabhängig von der Größe des Karnaugh-Diagramms unverändert. Eine Numerierung der Felder gemäß der Wahrheitstabelle erscheint allerdings nicht mehr sinnvoll. Das Karnaugh-Diagramm für fünf Variablen besitzt 32, das für sechs Variabeln 64 Felder (*Abb. 4.7*).

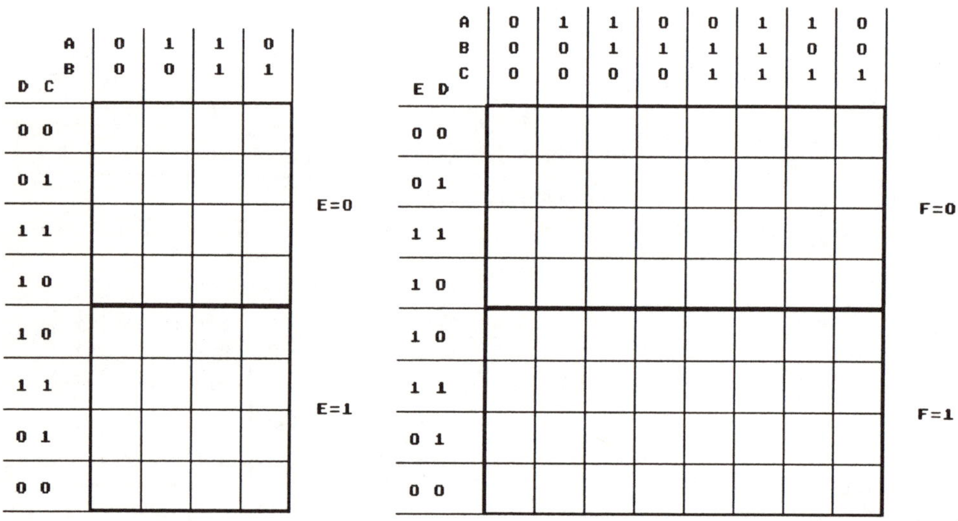

Abb. 4.7 Karnaugh-Diagramme für 5 und 6 Eingangsvariablen

Die logischen Zustände der Ausgangsvariablen müssen nun anhand der Logikfunktion, die jedes einzelne Feld erfüllt, eingetragen werden. Karnaugh-Diagramme für mehr als sechs Eingangsvariablen finden kaum Anwendung, da die Übersichtlichkeit zusehends verloren geht.

5 Die drei Betriebsmodi in Beispielen

In den folgenden Abschnitten werden die drei möglichen Betriebsarten der GALs anhand von Beispielen ausführlich erläutert.

5.1 Kombinatorischer Ausgang oder Eingang

In dieser Betriebsart kann eine Ausgangszelle wahlweise als kombinatorischer Ausgang oder als Eingang definiert werden. Der Ausgang ist dabei ständig aktiv und läßt sich nicht in den hochohmigen Zustand schalten. Dies wird dadurch erreicht, daß man das Freigabesignal des Tristate-Ausgangs der Ausgangszelle mit dem Steuersignal AC1(n) = 0 auf High legt. Es ist zu beachten, daß die Ausgangssignale nicht zurückgekoppelt werden. Stattdessen nehmen die Eingangssignale an den Ausgangszellen die Rückkopplung in Anspruch.

Um eine Ausgangszelle als Eingang zu definieren, wird das Freigabesignal des Tristate-Ausgangs mit AC1(n) = 1 auf Low geschaltet. Das Eingangssignal gelangt über die Rückkopplung der benachbarten Ausgangszelle in die Logikmatrix. *Abb. 5.1* und *Abb. 5.2* zeigen die vereinfachte Logikmatrix der beiden GALs für diesen Betriebsmodus. Daraus ist ersichtlich, daß die beiden mittleren Ausgangszellen nicht als Eingang definiert werden können, da deren Signale nicht zurückgekoppelt werden.

In der folgenden Auflistung sind nochmals alle Punkte aufgeführt, die für diesen Betriebsmodus von Bedeutung sind.

Betriebsmodus 1

SYN = 1 AC0 = 0

GAL16V8: Pin 1 und Pin 11 sind Eingänge

GAL20V8: Pin 1 und Pin 13 sind Eingänge

XOR(n) = 0 → Ausgang aktiv Low

XOR(n) = 1 → Ausgang aktiv High

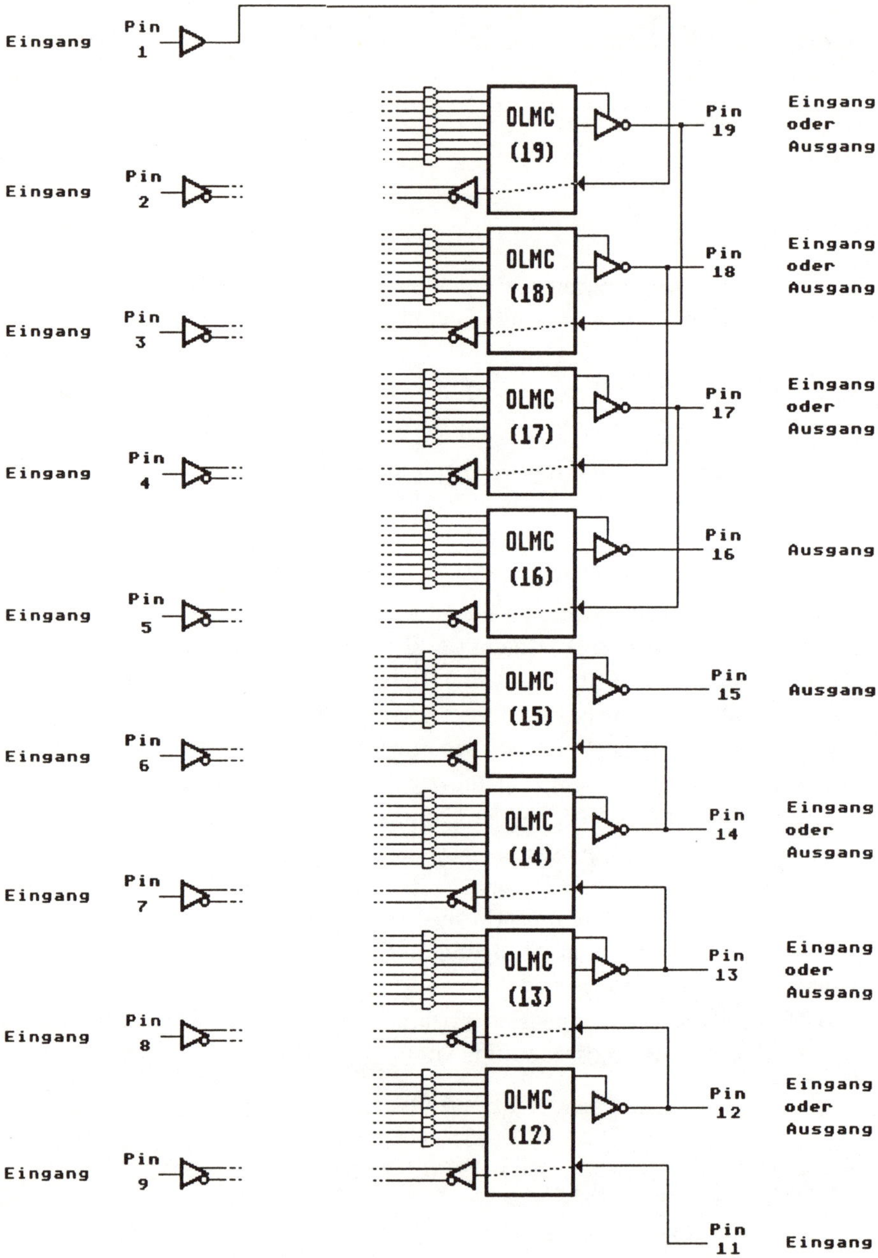

Abb. 5.1 Vereinfachte Logikmatrix des GAL16V8 für den Betriebsmodus „Kombinatorischer Ausgang"

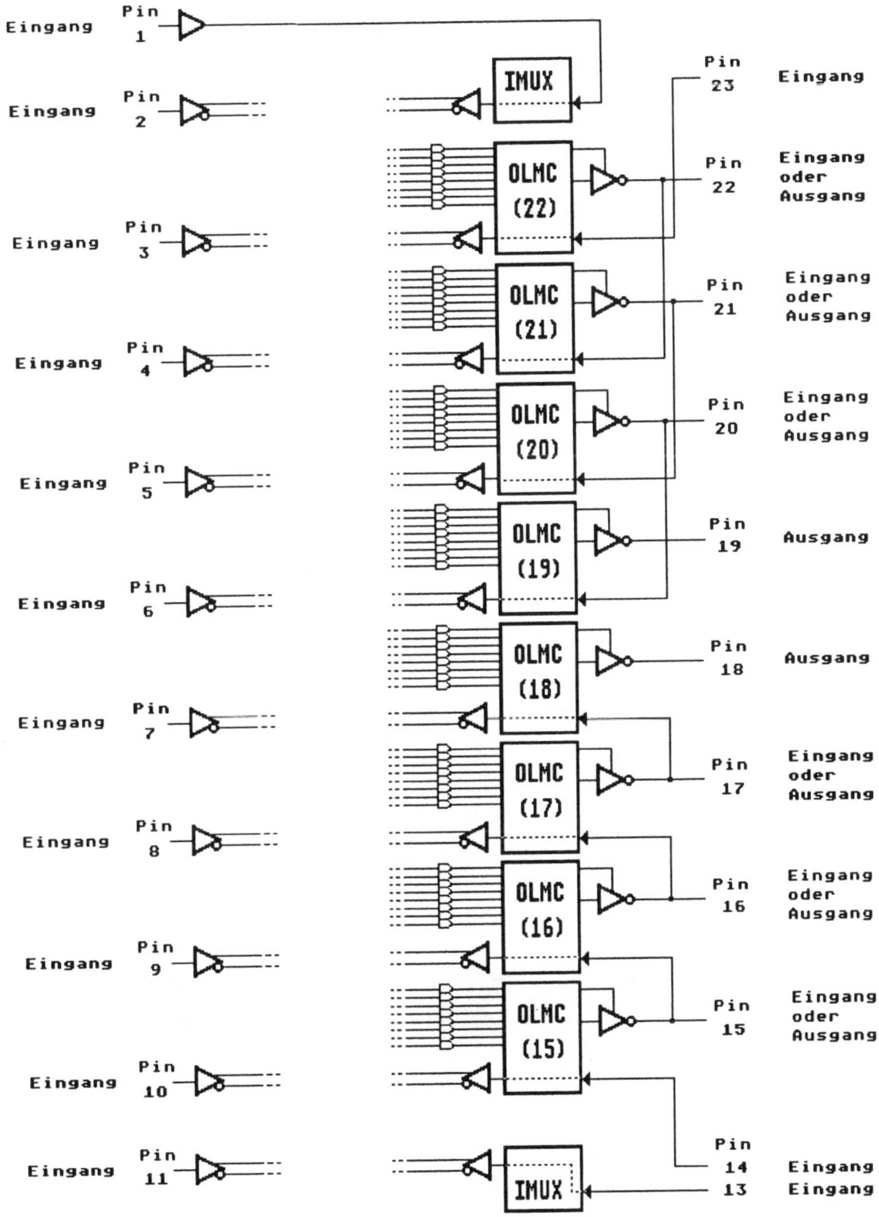

5.2 Vereinfachte Logikmatrix des GAL20V8 für den Betriebsmodus „Kombinatorischer Ausgang“

OLMC als Eingang:

- Der Tristate-Ausgang wird in den hochohmigen Zustand geschaltet, in dem das Freigabesignal mit dem Steuersignal AC1(n) = 1 auf Low gelegt wird.
- Das Eingangssignal gelangt über die Rückkopplung der benachbarten Ausgangszelle in die Logikmatrix.
- Die Ausgangszellen 15 und 16 (GAL16V8) beziehungsweise 18 und 19 (GAL20V8) können nicht als Eingang definiert werden.
- AC1(n) = 1

OLMC als kombinatorischer Ausgang:

- Der Ausgang ist ständig aktiv, indem das Freigabesignal des Tristate-Ausgangs mit dem Steuersignal AC1(n) = 0 auf High gelegt wird.
- Das Ausgangssignal wird nicht in die Logikmatrix zurückgekoppelt.
- Es können maximal acht Produktterme oderverknüpft werden.
- AC1(n) = 0

Beispiel: Adreßdecodierung
In einem Mikroprozessorsystem spricht die CPU die einzelnen Baugruppen durch Anlegen einer Adresse an. Mit Hilfe eines Decoders wird aus der Adresse ein eindeutiges Signal gebildet, das dann den eigentlichen Baustein aktiviert. Dieses Signal wird häufig mit Chip Select (/CS) bezeichnet. Erst wenn es Null wird, ist der betreffende Baustein aktiv. *Abb. 5.3* zeigt das vereinfachte Blockschaltbild eines Mikroprozessorsystems, bei dem mit Hilfe des Adreßdecoders vier verschiedene Bausteine angesprochen werden. Es sind dies: ein 8-KByte-RAM, 16-KByte-EPROM, programmierbares Peripherie Interface (PPI) und ein D/A-Wandler.

Die Adreßbreite der CPU soll 16 Bit betragen. Mit den 16 Adreßleitungen A0...A15 kann ein Speicherbereich von 64 KByte adressiert werden. Bei kleinen Systemen, wie z. B. Einplatinencomputer für Steuerungsaufgaben, benötigt man aber meist nur einen Teil des Adreßraumes. Die höherwertigen Adreßleitungen werden dann zur Bildung des $\overline{CS}$-Signals herangezogen. Ein 8-KByte-RAM beispielsweise benötigt für die Adressierung seines Speicherbereichs nur die Adreßleitungen A0 bis A12. Die freien Adreßleitungen A13, A14 und A15 bestimmen dann, unter welcher Adresse das RAM aktiviert wird. Soll das RAM z. B. die untersten 8 KByte des gesamten Speicherbereichs belegen (0000_{16} bis $1FFF_{16}$), so muß der Adreßdecoder aus den Signalen A13 = 0, A14 = 0 und A15 = 0 das $\overline{CS}$-Signal bilden.

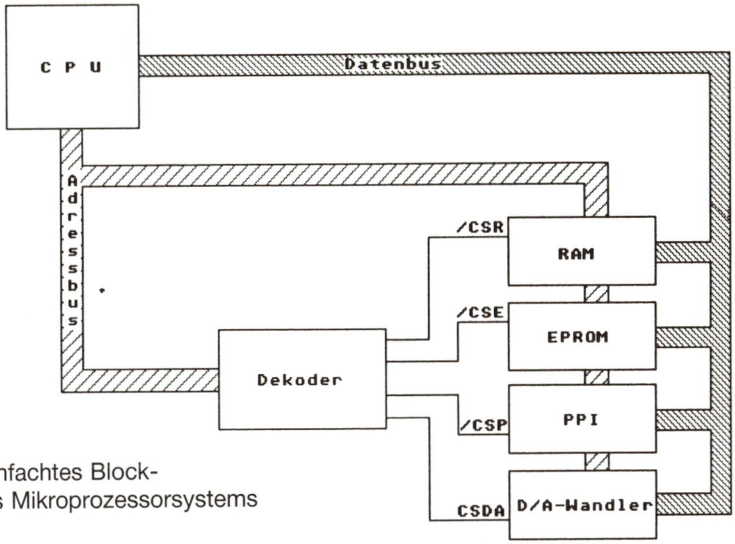

Abb. 5.3 Vereinfachtes Blockschaltbild eines Mikroprozessorsystems

Abb. 5.4 Belegung des Speicherbereichs

Adresse	Baustein	Auswahlsignal	Zugriffsadresse	binäre Adresse A15 ... A0
0000 – 1FFF	8K RAM	/CSR	0000...1FFF	000XXXXX XXXXXXXX
2000 – 3FFF				
4000 – 7FFF	16K EPROM	/CSE	4000...7FFF	01XXXXXX XXXXXXXX
8000 – BFFF				
C000 – C03F	PPI	/CSP	C000...C03F	11000000 00XXXXXX
C040 – C07F	D/A-WANDLER	CSDA	C040...C07F	11000000 01XXXXXX
C080 – FFFF				

Aus *Abb. 5.4* geht hervor, welchen Speicherbereich jeder einzelne Baustein belegt, wobei der unbenutzte Bereich für eventuelle Erweiterungen freigehalten wird.

Um nun für jeden Baustein die Schaltfunktion des Aktivierungssignals zu ermitteln, müssen die hexadezimalen Adressen in binäre Werte umgerechnet werden. Anschließend lassen sich daraus die gesuchten Produktterme bilden, indem man ein Adressenbit invertiert, wenn es den Wert 0 aufweist, andernfalls bleibt es unverändert. Schließlich ergeben sich für die einzelnen Aktivierungssignale folgende Gleichungen:

/CSR = /A13 * /A14 * /A15
/CSE = A14 * /A15
/CSP = /A6 * /A7 * /A8 * /A9 * /A10 * /A11 * /A12 * /A13 * A14 * A15
CSDA = A6 * /A7 * /A8 * /A9 * /A10 * /A11 * /A12 * /A13 * A14 * A15

Diese Gleichungen sollen nun mit dem GAL16V8 realisiert werden. Dazu benötigt man zehn Eingänge für die Signale A6...A15 und vier Ausgänge für die einzelnen Aktivierungssignale. Wie man diese Signale den einzelnen Pins zuordnet, kann jeder selbst entscheiden. Es zeigt sich hier ein großer Vorteil der GALs. Dadurch, daß man die Pinbelegung variieren kann, läßt sich diese individuell an das Platinenlayout anpassen. Im Beispiel des Adreßdecoders wird die Pinbelegung nach *Abb. 5.5* vorgenommen.

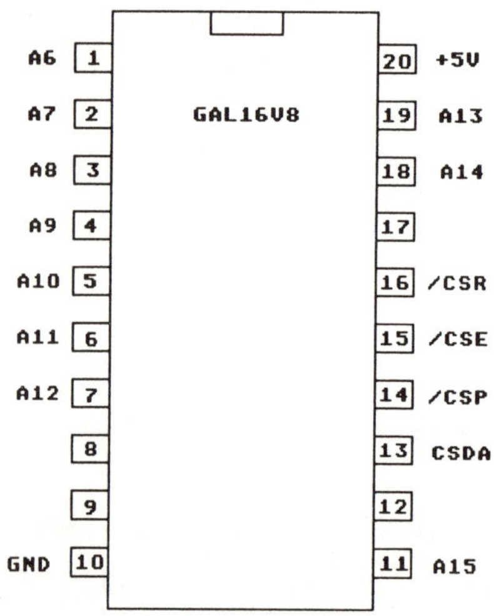

Abb. 5.5 Pinbelegung des GAL16V8 als Adreßdecoder

Daraus ist ersichtlich, daß die Ausgangszellen 18 und 19 als Eingänge definiert werden. Die Ausgangszellen 13 bis 16 bilden die Aktivierungssignale, während Pin 8, 9, 12 und 17 unbenutzt bleiben.

Die *Abb. 5.6a, b* zeigen die Fuse-Matrix des Adreßdecoders, in der alle Verbindungen der Logikmatrix übersichtlich dargestellt sind. Diese Matrix wird

```
           A    A  A    A    A           A
    A A  A 1  A 1  1    1    1           1
    7 6  8 3  9 4  0    1    2           5

PIN 19 = /A13 (EINGANG)  XOR = 0   AC1 = 1
  0 XXXX XXXX XXXX XXXX XXXX XXXX XXXX XXXX
  1 XXXX XXXX XXXX XXXX XXXX XXXX XXXX XXXX
  2 XXXX XXXX XXXX XXXX XXXX XXXX XXXX XXXX
  3 XXXX XXXX XXXX XXXX XXXX XXXX XXXX XXXX
  4 XXXX XXXX XXXX XXXX XXXX XXXX XXXX XXXX
  5 XXXX XXXX XXXX XXXX XXXX XXXX XXXX XXXX
  6 XXXX XXXX XXXX XXXX XXXX XXXX XXXX XXXX
  7 XXXX XXXX XXXX XXXX XXXX XXXX XXXX XXXX

PIN 18 = /A14 (EINGANG)  XOR = 0   AC1 = 1
  8 XXXX XXXX XXXX XXXX XXXX XXXX XXXX XXXX
  9 XXXX XXXX XXXX XXXX XXXX XXXX XXXX XXXX
 10 XXXX XXXX XXXX XXXX XXXX XXXX XXXX XXXX
 11 XXXX XXXX XXXX XXXX XXXX XXXX XXXX XXXX
 12 XXXX XXXX XXXX XXXX XXXX XXXX XXXX XXXX
 13 XXXX XXXX XXXX XXXX XXXX XXXX XXXX XXXX
 14 XXXX XXXX XXXX XXXX XXXX XXXX XXXX XXXX
 15 XXXX XXXX XXXX XXXX XXXX XXXX XXXX XXXX

PIN 17       XOR = 0    AC1 = 0
 16 XXXX XXXX XXXX XXXX XXXX XXXX XXXX XXXX
 17 XXXX XXXX XXXX XXXX XXXX XXXX XXXX XXXX
 18 XXXX XXXX XXXX XXXX XXXX XXXX XXXX XXXX
 19 XXXX XXXX XXXX XXXX XXXX XXXX XXXX XXXX
 20 XXXX XXXX XXXX XXXX XXXX XXXX XXXX XXXX
 21 XXXX XXXX XXXX XXXX XXXX XXXX XXXX XXXX
 22 XXXX XXXX XXXX XXXX XXXX XXXX XXXX XXXX
 23 XXXX XXXX XXXX XXXX XXXX XXXX XXXX XXXX

PIN 16 = /CSR      XOR = 0    AC1 = 0
 24 ---- ---X ---X ---- ---- ---- ---- ---X
 25 XXXX XXXX XXXX XXXX XXXX XXXX XXXX XXXX
 26 XXXX XXXX XXXX XXXX XXXX XXXX XXXX XXXX
 27 XXXX XXXX XXXX XXXX XXXX XXXX XXXX XXXX
 28 XXXX XXXX XXXX XXXX XXXX XXXX XXXX XXXX
 29 XXXX XXXX XXXX XXXX XXXX XXXX XXXX XXXX
 30 XXXX XXXX XXXX XXXX XXXX XXXX XXXX XXXX
 31 XXXX XXXX XXXX XXXX XXXX XXXX XXXX XXXX
```

Abb. 5.6a Fuse-Matrix des Acreßdecoders für die Ausgangszellen 19 bis 16

```
           A    A  A    A    A            A
    A A  A 1  A 1  1    1    1            1
    7 6  8 3  9 4  0    1    2            5

PIN 15 = /CSE       XOR = 0    AC1 = 0
32  ---- ---- --X- ---- ---- ---- ---- ---X
33  XXXX XXXX XXXX XXXX XXXX XXXX XXXX XXXX
34  XXXX XXXX XXXX XXXX XXXX XXXX XXXX XXXX
35  XXXX XXXX XXXX XXXX XXXX XXXX XXXX XXXX
36  XXXX XXXX XXXX XXXX XXXX XXXX XXXX XXXX
37  XXXX XXXX XXXX XXXX XXXX XXXX XXXX XXXX
38  XXXX XXXX XXXX XXXX XXXX XXXX XXXX XXXX
39  XXXX XXXX XXXX XXXX XXXX XXXX XXXX XXXX

PIN 14 = /CSP       XOR = 0    AC1 = 0
40  -X-X -X-X -XX- -X-- -X-- -X-- ---- --X-
41  XXXX XXXX XXXX XXXX XXXX XXXX XXXX XXXX
42  XXXX XXXX XXXX XXXX XXXX XXXX XXXX XXXX
43  XXXX XXXX XXXX XXXX XXXX XXXX XXXX XXXX
44  XXXX XXXX XXXX XXXX XXXX XXXX XXXX XXXX
45  XXXX XXXX XXXX XXXX XXXX XXXX XXXX XXXX
46  XXXX XXXX XXXX XXXX XXXX XXXX XXXX XXXX
47  XXXX XXXX XXXX XXXX XXXX XXXX XXXX XXXX

PIN 13 = CSDA       XOR = 1    AC1 = 0
48  -XX- -X-X -XX- -X-- -X-- -X-- ---- --X-
49  XXXX XXXX XXXX XXXX XXXX XXXX XXXX XXXX
50  XXXX XXXX XXXX XXXX XXXX XXXX XXXX XXXX
51  XXXX XXXX XXXX XXXX XXXX XXXX XXXX XXXX
52  XXXX XXXX XXXX XXXX XXXX XXXX XXXX XXXX
53  XXXX XXXX XXXX XXXX XXXX XXXX XXXX XXXX
54  XXXX XXXX XXXX XXXX XXXX XXXX XXXX XXXX
55  XXXX XXXX XXXX XXXX XXXX XXXX XXXX XXXX

PIN 12   XOR = 0    AC1 = 0
56  XXXX XXXX XXXX XXXX XXXX XXXX XXXX XXXX
57  XXXX XXXX XXXX XXXX XXXX XXXX XXXX XXXX
58  XXXX XXXX XXXX XXXX XXXX XXXX XXXX XXXX
59  XXXX XXXX XXXX XXXX XXXX XXXX XXXX XXXX
60  XXXX XXXX XXXX XXXX XXXX XXXX XXXX XXXX
61  XXXX XXXX XXXX XXXX XXXX XXXX XXXX XXXX
62  XXXX XXXX XXXX XXXX XXXX XXXX XXXX XXXX
63  XXXX XXXX XXXX XXXX XXXX XXXX XXXX XXXX
```

Abb. 5.6b Fuse-Matrix des Adreßdecoders für die Ausgangszellen 15 bis 12

vom GAL-Assembler erzeugt und dient der Kontrolle und Dokumentation. Die einzelnen Verbindungen zwischen Reihe und Spalte werden hier durch Kreuze gekennzeichnet. Die Reihen sind wie in der Logikmatrix durchnumeriert, wobei jeweils acht Reihen einer Ausgangszelle angehören. Die Eingangssignale, die bekanntlich die Spalten bilden, sind hier ebenso angegeben, wie die Steuersignale XOR(n) und AC1(n), die jede Ausgangszelle individuell definieren. Man erkennt beispielsweise, daß für die Signale /CSR (Pin 16), /CSE (Pin 15) und /CSP (Pin 14) XOR = 0 ist. Dadurch wird der Ausgang jeweils aktiv Low. Für das Aktivierungssignal CSDA hingegen muß XOR = 1 sein, da dieses Signal aktiv High definiert ist. Ferner wird deutlich, daß das Eingangssignal A6 (Pin 1) durch die Rückkopplung der Ausgangszelle 19 in Spalte 2 erscheint. Das Signal A15 (Pin 11) gelangt über OLMC (12) in Spalte 30. Ein Vergleich mit der Logikmatrix in Abb. 2.1 verdeutlicht dies.

Die Ausgangszellen 18 und 19 sind als Eingang definiert. Aus diesem Grund nehmen die Steuersignale AC1(n) beider Zellen den Wert 1 an. Die anderen Ausgangszellen sind normale Ausgänge, folglich ist dort AC1(n) = 0. Aus der Fuse-Matrix wird ferner deutlich, daß eine Reihe bei der alle Verbindungen hergestellt sind (nur Kreuze), keinen Einfluß auf die Schaltfunktion hat. Hier werden nämlich alle Signale mit ihren negierten Werten undverknüpft, was als Ergebnis immer den Wert 0 ergibt. Da die Produktterme in der Ausgangszelle oderverknüpft werden, bleibt dieser Wert bedeutungslos.

Abb. 5.7 zeigt die Jedec-Datei des Adreßdecoders, aus der die einzelnen Bits zur Programmierung der GALs erzeugt werden. In dieser Datei werden die Verbindungen der Logikmatrix durch Nullen und Einsen dargestellt (vgl. Kapitel 3.2). Sie geht aus der Fuse-Matrix hervor, indem man die Kreuze durch Nullen und die nicht hergestellten Verbindungen durch Einsen ersetzt. Ferner müssen das Architekturkontrollwort mit allen Steuersignalen sowie das Signaturwort angefügt werden.

Man erkennt in Abb. 5.7, daß die Bits mit den Adressen 0000 bis 2047 alle Verbindungen der Logikmatrix darstellen. Ab Adresse 2048 folgen die zusätzlichen Bits, die die Architektur der Ausgangszellen festlegen. Die Steuersignale XOR(19) bis XOR(12) belegen die Adressen 2048 bis 2055. Anschließend folgen bis Adresse 2119 64 Bits für die Signatur. Im Beispiel wird als Signatur der Filename „ADRDEK“ verwendet. Die ersten 8 Bits ($01000001_2 = 41_{16} = 65_{10}$) stellen beispielsweise den Buchstaben „A“ dar. Ab Adresse 2120 sind die acht Steuersignale AC1(n) angegeben. Auch hier kommt das Bit für die Ausgangszelle 19 zuerst. Daraufhin folgen die 64 Bits, die für die Produkttermfreigabe verantwortlich sind. Nur bei einer Null hat der entsprechende Produktterm keinen Einfluß auf das Ausgangssignal. Die letzten beiden Bits kennzeichnen die Steuersignale SYN und AC0, die den Betriebsmodus des GALs festlegen.

```
*L0000 00000000000000000000000000000000
*L0032 00000000000000000000000000000000
*L0064 00000000000000000000000000000000
*L0096 00000000000000000000000000000000
*L0128 00000000000000000000000000000000
*L0160 00000000000000000000000000000000
*L0192 00000000000000000000000000000000
*L0224 00000000000000000000000000000000
*L0256 00000000000000000000000000000000
*L0288 00000000000000000000000000000000
*L0320 00000000000000000000000000000000
*L0352 00000000000000000000000000000000
*L0384 00000000000000000000000000000000
*L0416 00000000000000000000000000000000
*L0448 00000000000000000000000000000000
*L0480 00000000000000000000000000000000
*L0512 00000000000000000000000000000000
*L0544 00000000000000000000000000000000
*L0576 00000000000000000000000000000000
*L0608 00000000000000000000000000000000
*L0640 00000000000000000000000000000000
*L0672 00000000000000000000000000000000
*L0704 00000000000000000000000000000000
*L0736 00000000000000000000000000000000
*L0768 11111110111011111111111111111110
*L0800 00000000000000000000000000000000
*L0832 00000000000000000000000000000000
*L0864 00000000000000000000000000000000
*L0896 00000000000000000000000000000000
*L0928 00000000000000000000000000000000
*L0960 00000000000000000000000000000000
*L0992 00000000000000000000000000000000
*L1024 11111111110111111111111111111110
*L1056 00000000000000000000000000000000
*L1088 00000000000000000000000000000000
*L1120 00000000000000000000000000000000
*L1152 00000000000000000000000000000000
*L1184 00000000000000000000000000000000
*L1216 00000000000000000000000000000000
*L1248 00000000000000000000000000000000
*L1280 10101010100110111011101111111101
*L1312 00000000000000000000000000000000
*L1344 00000000000000000000000000000000
*L1376 00000000000000000000000000000000
*L1408 00000000000000000000000000000000
*L1440 00000000000000000000000000000000
```

zu Abb. 5.7

```
*L1472 00000000000000000000000000000000
*L1504 00000000000000000000000000000000
*L1536 10011010100110111011101111111101
*L1568 00000000000000000000000000000000
*L1600 00000000000000000000000000000000
*L1632 00000000000000000000000000000000
*L1664 00000000000000000000000000000000
*L1696 00000000000000000000000000000000
*L1728 00000000000000000000000000000000
*L1760 00000000000000000000000000000000
*L1792 00000000000000000000000000000000
*L1824 00000000000000000000000000000000
*L1856 00000000000000000000000000000000
*L1888 00000000000000000000000000000000
*L1920 00000000000000000000000000000000
*L1952 00000000000000000000000000000000
*L1984 00000000000000000000000000000000
*L2016 00000000000000000000000000000000
*L2048 00000010010000010100010001010010
*L2080 01000100010001010100010110000000
*L2112 00000000110000001111111111111111
*L2144 11111111111111111111111111111111
*L2176 111111111111111110
*C16C4
```

Abb. 5.7 Jedec-Datei des Adreßdecoders

5.2 Tristate-Ausgang

In dieser Betriebsart werden die Signale der Ausgangszellen über einen Produktterm freigegeben. Ergibt die Verknüpfung des Produktterms eine 1, so ist der Ausgang aktiv, während eine 0 den hochohmigen Zustand bewirkt. Zur Bildung der Schaltfunktion stehen deshalb nur noch sieben Produktterme zur Verfügung. *Abb. 5.8* und *5.9* zeigen die vereinfachte Logikmatrix der beiden GALs für diesen Betriebsmodus. Daraus ist u. a. ersichtlich, daß die Ausgangssignale in die Logikmatrix zurückgekoppelt werden. Dies gilt allerdings nicht für die beiden äußeren Ausgangszellen. Hier wird die Rückkopplung von den Eingangssignalen an Pin 1 und Pin 11 (GAL16V8) bzw. Pin 1 und Pin 13 (GAL20V8) belegt. Die Ausgangszellen lassen sich auch als Eingang definieren, indem der Produktterm zur Freigabe des Tristate- Ausgangs so definiert wird, daß dieser immer den Wert 0 ergibt. Im folgenden sind nochmals alle Punkte aufgeführt, die hier von Bedeutung sind.

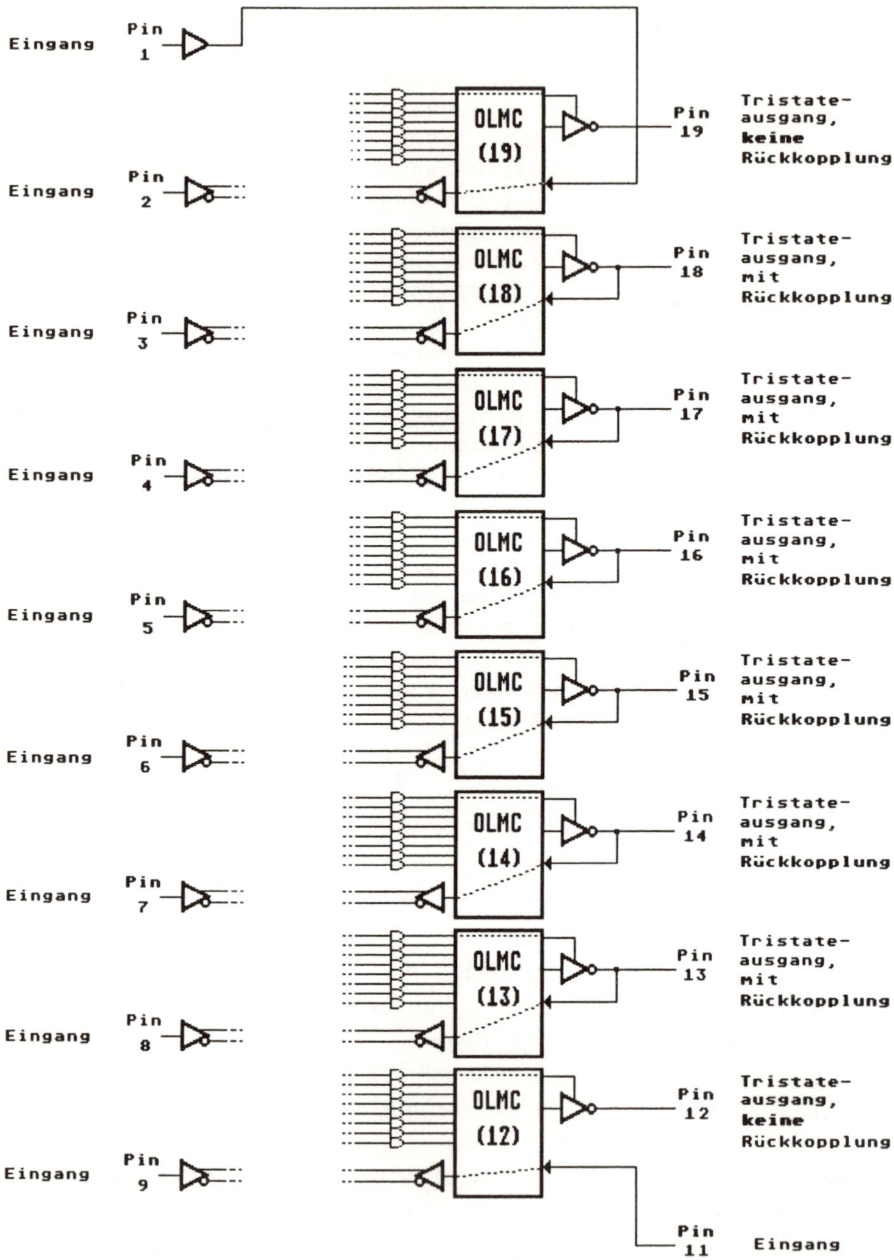

Abb. 5.8 Vereinfachte Logikmatrix des GAL16V8 für den Betriebsmodus „Tristate-Ausgang“

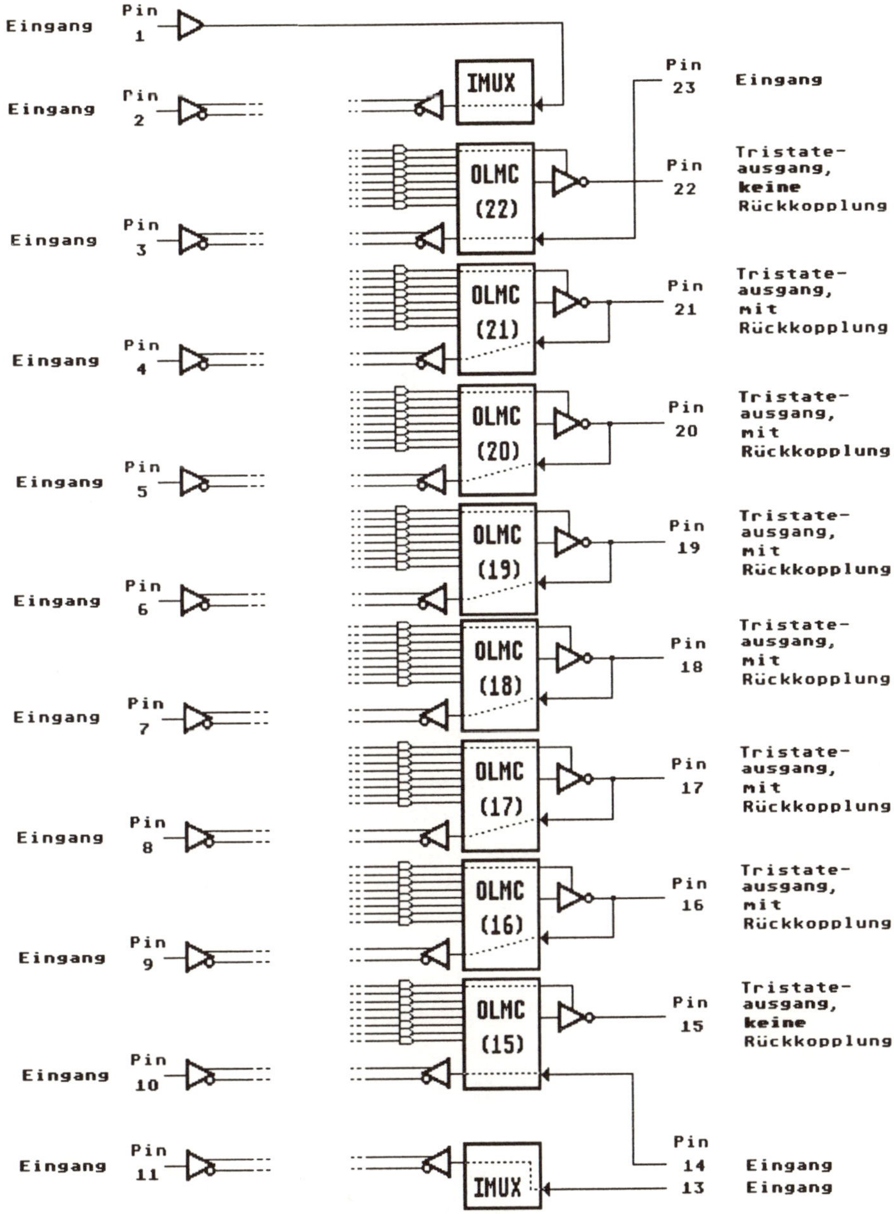

Abb. 5.9 Vereinfachte Logikmatrix des GAL20V8 für den Betriebsmodus „Tristate-Ausgang“

Betriebsmodus 2

SYN = 1 ACO = 1

GAL16V8: Pin 1 und Pin 11 sind Eingänge

GAL20V8: Pin 1 und Pin 13 sind Eingänge

XOR(n) = 0 → Ausgang aktiv Low

XOR(n) = 1 → Ausgang aktiv High

OLMC als Tristate-Ausgang

- Die Freigabe des Ausgangssignals erfolgt über einen Produktterm.
- Bei den Ausgangszellen 13 bis 18 (GAL16V8) bzw. 16 bis 21 (GAL20V8) wird das Ausgangssignal in die Logikmatrix zurückgekoppelt. Dies ist bei den Zellen 12 und 19 (GAL16V8) bzw. 15 und 22 (GAL20V8) nicht der Fall.
- Der Tristate-Ausgang kann auch als Eingang definiert werden, indem das Freigabesignal auf Low gelegt wird (hochohmiger Zustand). Dies ist nur bei den Zellen möglich, bei denen das Ausgangssignal zurückgekoppelt wird.
- Es können maximal sieben Produktterme oderverknüpft werden.
- AC1(n) = 1

Beispiel: Codeschloß

Codierte Tastenschlösser werden zur Betätigung von elektrischen Türöffnern, zum Ein- und Ausschalten von Alarmanlagen und sonstigen Sicherungsaufgaben eingesetzt. Im folgenden Beispiel (*Abb. 5.10*) müssen vier verschiedene Ziffern in der richtigen Reihenfolge eingegeben werden, erst dann zieht das Relais an. Rechnet man die beiden Tasten „*“ und „#“ mit, so ergeben sich immerhin 11 880 Möglichkeiten. Durch den Einsatz der programmierbaren Logikbausteine genügt nur ein GAL, um den gesamten Digitalbereich zu

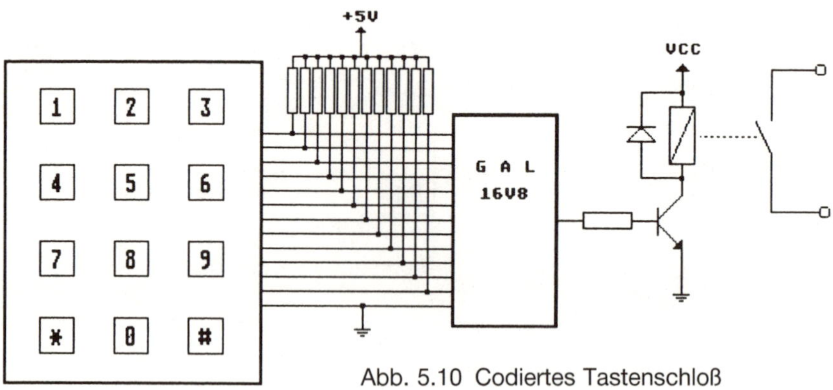

Abb. 5.10 Codiertes Tastenschloß

realisieren. Es ist lediglich noch ein Transistor als Treiberstufe notwendig, die den erforderlich Strom für das Relais steuert.

Alle Kontakte sind über Pull-up-Widerstände mit den Eingängen des GALs verbunden. Dies hat den Vorteil, daß bei nicht betätigter Taste der Eingang ein eindeutiges Potential (High) führt. Erst bei Drücken einer Taste geht das entsprechende Eingangssignal auf Low.

In *Abb. 5.11* ist die gesamte Schaltung des Codeschlosses abgebildet. Man erkennt die Signale der vier Tasten T1...T4, die in der Reihenfolge T1, T2, T3, T4 betätigt werden müssen. Die restlichen Tasten entsprechen den Signalen T5...T12. Das Kernstück der Schaltung sind die vier RS-Flipflops, deren Setz-

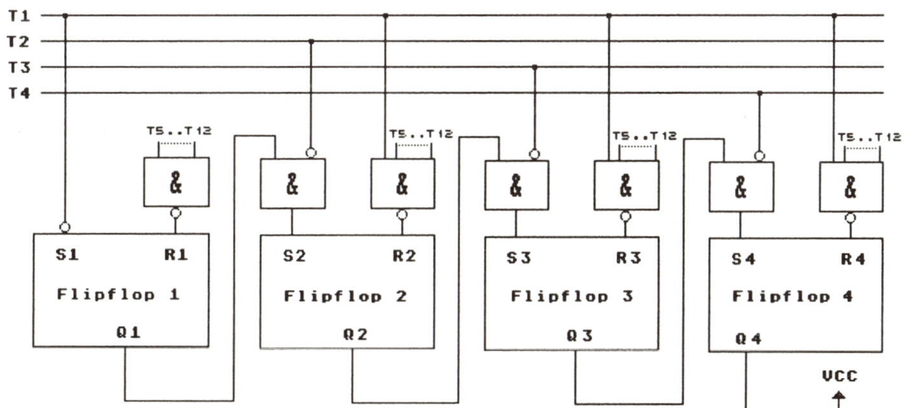

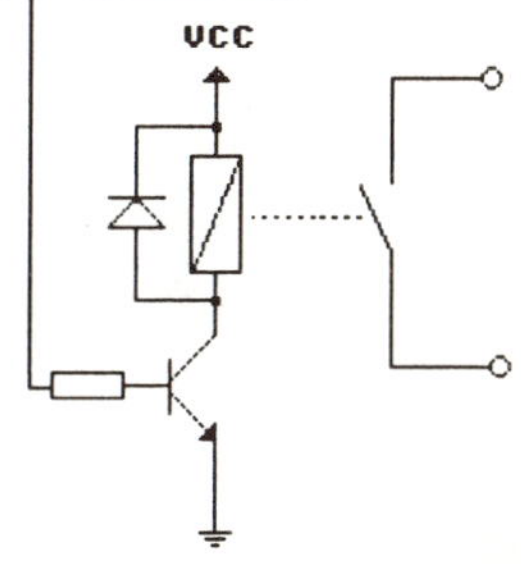

Abb. 5.11 Gesamte Schaltung des Codeschlosses

Abb. 5.12 Schaltung und Impulsdiagramm des Basisflipflops aus NOR-Gattern

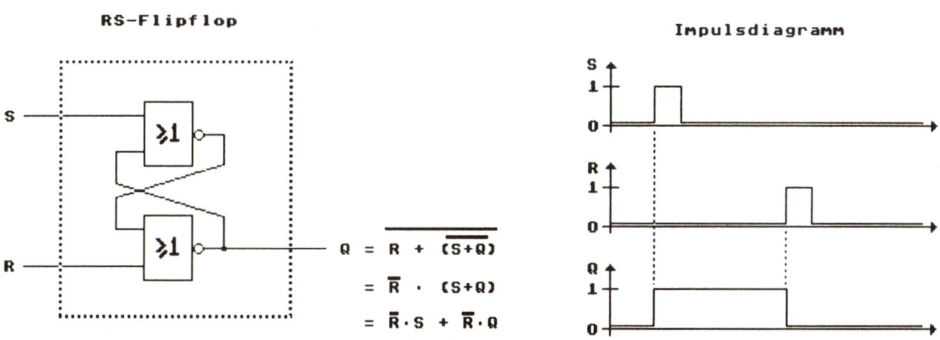

und Rücksetzsignale von Und- bzw. Nand-Gattern gebildet werden. Das Ausgangssignal Q4 des vierten Flipflops steuert über einen Vorwiderstand den Transistor an. Zur Funktionsweise eines RS-Flipflops kann die Schaltung in *Abb. 5.12* herangezogen werden.

Es folgt nun die Beschreibung der Schaltung im einzelnen: Bei Betätigen der Taste T1 (T1 = 0) wird das erste Flipflop gesetzt (Q1 = 1). Das Flipflop behält diesen Zustand auch dann bei, wenn die Taste wieder losgelassen wird. Gleichzeitig werden die anderen Flipflops über die Nand-Gatter zurückgesetzt, so daß an den Ausgängen Q2, Q3 und Q4 eine 0 anliegt. Man erinnere sich daran, daß beim Nand-Gatter eine 0 am Eingang eine 1 erzwingt. Das Ausgangssignal Q1 = 1 des ersten Flipflops gibt über das Und-Gatter den Setzeingang des zweiten Flipflops frei. Erst jetzt bewirkt ein Betätigen der Taste T2 Q2 = 1. Dieses Signal führt wiederum auf das Und-Gatter zur Freigabe des Setzeingangs S3. Wird nun Taste T3 betätigt, so erhält man Q3 = 1. Jede andere Taste hätte hier das Rücksetzen aller Flipflops zur Folge. Der Eingabevorgang müßte dann wieder von neuem begonnen werden. Nachdem nun Q3 = 1 ist, führt T4 = 0 zum Durchschalten des Transistors. Das Relais zieht an. Zur Rückstellung des Relais genügt es, irgendeine Taste zu drücken, die nicht in der Codezahl enthalten ist. Daraufhin werden alle Flipflops zurückgesetzt.

Um die gesamte Schaltung mit einem GAL zu realisieren, muß zuerst die Schaltfunktion eines RS-Flipflops ermittelt werden. Aus Abb. 5.12 geht hervor, daß ein RS-Flipflop aus zwei kreuzgekoppelten NOR-Gattern besteht. Das charakteristische Merkmal ist dabei die Rückkopplung des Ausgangssignals auf den Eingang des anderen NOR-Gatters. Erst diese Rückkopplung ermöglicht die Speicherfunktion eines RS-Flipflops. Da bei den GAL-Bausteinen das Ausgangssignal im Betriebsmodus „Tritate-Ausgang" ebenfalls in die Logikmatrix zurückgekoppelt wird, können demnach auch RS-Flipflops realisiert werden. Die dazu notwendige Schaltfunktion entnimmt man Abb. 5.12.

Die Schaltfunktion lautet $Q = \overline{R} \cdot S + \overline{R} \cdot Q$, wobei R das Rücksetzsignal, S das Setzsignal und Q das Ausgangssignal darstellen. Mit Hilfe dieser Schaltfunktion lassen sich nun die Gleichungen aller vier Flipflops angeben. Dazu muß man die Gleichungen der Setz- und Rücksetzsignale jedes Flipflops in die allgemeine Schaltfunktion einsetzen:

Flipflop 1:

Setzsignal	$S1 = \overline{T1}$
Rücksetzsignal	$R1 = \overline{T5 \cdot T6 \cdot T7 \cdot T8 \cdot T9 \cdot T10 \cdot T11 \cdot T12}$
Allgemeine Gleichung des RS-Flipflops:	$Q1 = \overline{R1} \cdot S1 + \overline{R1} \cdot Q1$
S1, R1 eingesetzt:	$Q1 = T5 \cdot T6 \cdot T7 \cdot T8 \cdot T9 \cdot T10 \cdot T11 \cdot T12 \cdot \overline{T1} +$ $T5 \cdot T6 \cdot T7 \cdot T8 \cdot T9 \cdot T10 \cdot T11 \cdot T12 \cdot Q1$

Flipflop 2

Setzsignal	$S2 = Q1 \cdot \overline{T2}$
Rücksetzsignal	$R2 = \overline{T1 \cdot T5 \cdot T6 \cdot T7 \cdot T8 \cdot T9 \cdot T10 \cdot T11 \cdot T12}$
Allgemeine Gleichung des RS-Flipflops:	$Q2 = \overline{R2} \cdot S2 + \overline{R2} \cdot Q2$
S2, R2 eingesetzt:	$Q2 = T1 \cdot T5 \cdot T6 \cdot T7 \cdot T8 \cdot T9 \cdot T10 \cdot T11 \cdot T12 \cdot Q1 \cdot \overline{T2} + T1 \cdot T5 \cdot T6 \cdot T7 \cdot T8 \cdot T9 \cdot T10 \cdot T11 \cdot T12 \cdot Q2$

Flipflop 3:

Setzsignal	$S3 = Q2 \cdot \overline{T3}$
Rücksetzsignal	$R3 = \overline{T1 \cdot T5 \cdot T6 \cdot T7 \cdot T8 \cdot T9 \cdot T10 \cdot T11 \cdot T12}$
Allgemeine Gleichung des RS-Flipflops:	$Q3 = \overline{R3} \cdot S3 + \overline{R3} \cdot Q3$
S3, R3 eingesetzt:	$Q3 = T1 \cdot T5 \cdot T6 \cdot T7 \cdot T8 \cdot T9 \cdot T10 \cdot T11 \cdot T12 \cdot Q2 \cdot \overline{T3} + T1 \cdot T5 \cdot T6 \cdot T7 \cdot T8 \cdot T9 \cdot T10 \cdot T11 \cdot T12 \cdot Q3$

Flipflop 4:

Setzsignal	$S4 = Q3 \cdot \overline{T4}$
Rücksetzsignal	$R4 = \overline{T1 \cdot T5 \cdot T6 \cdot T7 \cdot T8 \cdot T9 \cdot T10 \cdot T11 \cdot T12}$
Allgemeine Gleichung des RS-Flipflops:	$Q4 = \overline{R4} \cdot S4 + \overline{R4} \cdot Q4$
S4, R4 eingesetzt:	$Q4 = T1 \cdot T5 \cdot T6 \cdot T7 \cdot T8 \cdot T9 \cdot T10 \cdot T11 \cdot T12 \cdot Q3 \cdot \overline{T4} + T1 \cdot T5 \cdot T6 \cdot T7 \cdot T8 \cdot T9 \cdot T10 \cdot T11 \cdot T12 \cdot Q4$

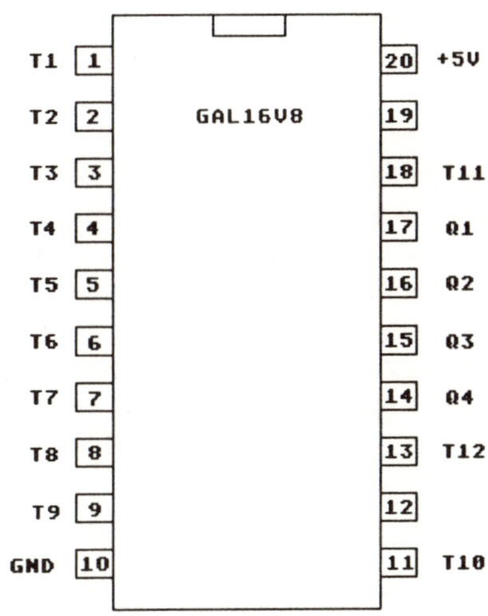

Abb. 5.13 Pinbelegung des GAL16V8 als Codeschloß

```
            T                        T    T
     T T  T 1  T Q  T Q  T Q  T Q  T 1  T 1
     2 1  3 1  4 1  5 2  6 3  7 4  8 2  9 0

PIN 19 (frei)    XOR = 0     AC1 = 0
  0  XXXX XXXX XXXX XXXX XXXX XXXX XXXX XXXX
  1  XXXX XXXX XXXX XXXX XXXX XXXX XXXX XXXX
  2  XXXX XXXX XXXX XXXX XXXX XXXX XXXX XXXX
  3  XXXX XXXX XXXX XXXX XXXX XXXX XXXX XXXX
  4  XXXX XXXX XXXX XXXX XXXX XXXX XXXX XXXX
  5  XXXX XXXX XXXX XXXX XXXX XXXX XXXX XXXX
  6  XXXX XXXX XXXX XXXX XXXX XXXX XXXX XXXX
  7  XXXX XXXX XXXX XXXX XXXX XXXX XXXX XXXX

PIN 18 = T11 (Eingang)    XOR = 0    AC1 = 1
  8  XXXX XXXX XXXX XXXX XXXX XXXX XXXX XXXX
  9  XXXX XXXX XXXX XXXX XXXX XXXX XXXX XXXX
 10  XXXX XXXX XXXX XXXX XXXX XXXX XXXX XXXX
 11  XXXX XXXX XXXX XXXX XXXX XXXX XXXX XXXX
 12  XXXX XXXX XXXX XXXX XXXX XXXX XXXX XXXX
 13  XXXX XXXX XXXX XXXX XXXX XXXX XXXX XXXX
 14  XXXX XXXX XXXX XXXX XXXX XXXX XXXX XXXX
 15  XXXX XXXX XXXX XXXX XXXX XXXX XXXX XXXX

PIN 17 = Q1      XOR = 1     AC1 = 1
 16  ---- ---- ---- ---- ---- ---- ---- ----
 17  ---- --X- --X- X--- X--- X--- X-X- X-X-
 18  ---X --X- ---- X--- X--- X--- X-X- X-X-
 19  XXXX XXXX XXXX XXXX XXXX XXXX XXXX XXXX
 20  XXXX XXXX XXXX XXXX XXXX XXXX XXXX XXXX
 21  XXXX XXXX XXXX XXXX XXXX XXXX XXXX XXXX
 22  XXXX XXXX XXXX XXXX XXXX XXXX XXXX XXXX
 23  XXXX XXXX XXXX XXXX XXXX XXXX XXXX XXXX

PIN 16 = Q2      XOR = 1     AC1 = 1
 24  ---- ---- ---- ---- ---- ---- ---- ----
 25  --X- --X- ---- X-X- X--- X--- X-X- X-X-
 26  -XX- --X- --X- X--- X--- X--- X-X- X-X-
 27  XXXX XXXX XXXX XXXX XXXX XXXX XXXX XXXX
 28  XXXX XXXX XXXX XXXX XXXX XXXX XXXX XXXX
 29  XXXX XXXX XXXX XXXX XXXX XXXX XXXX XXXX
 30  XXXX XXXX XXXX XXXX XXXX XXXX XXXX XXXX
 31  XXXX XXXX XXXX XXXX XXXX XXXX XXXX XXXX
```

Abb. 5.14a Fuse-Matrix des Codeschlosses für die Ausgangszellen 19 bis 16

```
              T                             T    T
     T T  T  1  T Q  T Q  T Q  T Q  T  1  T  1
     2 1  3  1  4 1  5 2  6 3  7 4  8  2  9  0

PIN 15 = Q3        XOR = 1     AC1 = 1
32  ---- ---- ---- ---- ---- ---- ---- ----
33  --X- --X- ---- X--- X-X- X--- X-X- X-X-
34  --X- -XX- ---- X-X- X--- X--- X-X- X-X-
35  XXXX XXXX XXXX XXXX XXXX XXXX XXXX XXXX
36  XXXX XXXX XXXX XXXX XXXX XXXX XXXX XXXX
37  XXXX XXXX XXXX XXXX XXXX XXXX XXXX XXXX
38  XXXX XXXX XXXX XXXX XXXX XXXX XXXX XXXX
39  XXXX XXXX XXXX XXXX XXXX XXXX XXXX XXXX

PIN 14 = Q4        XOR = 1     AC1 = 1
40  ---- ---- ---- ---- ---- ---- ---- ----
41  --X- --X- ---- X--- X--- X-X- X-X- X-X-
42  --X- --X- -X-- X--- X-X- X--- X-X- X-X-
43  XXXX XXXX XXXX XXXX XXXX XXXX XXXX XXXX
44  XXXX XXXX XXXX XXXX XXXX XXXX XXXX XXXX
45  XXXX XXXX XXXX XXXX XXXX XXXX XXXX XXXX
46  XXXX XXXX XXXX XXXX XXXX XXXX XXXX XXXX
47  XXXX XXXX XXXX XXXX XXXX XXXX XXXX XXXX

PIN 13 = T12 (Eingang)   XOR = 0     AC1 = 1
48  XXXX XXXX XXXX XXXX XXXX XXXX XXXX XXXX
49  XXXX XXXX XXXX XXXX XXXX XXXX XXXX XXXX
50  XXXX XXXX XXXX XXXX XXXX XXXX XXXX XXXX
51  XXXX XXXX XXXX XXXX XXXX XXXX XXXX XXXX
52  XXXX XXXX XXXX XXXX XXXX XXXX XXXX XXXX
53  XXXX XXXX XXXX XXXX XXXX XXXX XXXX XXXX
54  XXXX XXXX XXXX XXXX XXXX XXXX XXXX XXXX
55  XXXX XXXX XXXX XXXX XXXX XXXX XXXX XXXX

PIN 12 (frei)      XOR = 0     AC1 = 0
56  XXXX XXXX XXXX XXXX XXXX XXXX XXXX XXXX
57  XXXX XXXX XXXX XXXX XXXX XXXX XXXX XXXX
58  XXXX XXXX XXXX XXXX XXXX XXXX XXXX XXXX
59  XXXX XXXX XXXX XXXX XXXX XXXX XXXX XXXX
60  XXXX XXXX XXXX XXXX XXXX XXXX XXXX XXXX
61  XXXX XXXX XXXX XXXX XXXX XXXX XXXX XXXX
62  XXXX XXXX XXXX XXXX XXXX XXXX XXXX XXXX
63  XXXX XXXX XXXX XXXX XXXX XXXX XXXX XXXX
```

Abb. 5.14b Fuse-Matrix des Codeschlosses für die Ausgangszellen 15 bis 12

Nachdem nun die Gleichungen des GALs feststehen, kann die Pinbelegung vorgenommen werden. Für die zwölf Tasten sind zwölf Eingänge erforderlich. Da das GAL16V8 nur 10 Eingänge aufweist, müssen noch zwei der Ausgangszellen als Eingang definiert werden. Hier kommen alle Ausgangszellen außer OLMC(12) und OLMC(19) in Frage. Abb. 5.8 verdeutlicht, daß die Signale dieser Ausgangszellen nicht zurückgekoppelt werden. Demnach können sie weder als Eingang noch als Flipflop-Ausgang verwendet werden. Die vier Ausgangssignale Q1...Q4 der Flipflops belegen die noch verbleibenden Ausgangszellen. *Abb. 5.13* zeigt schließlich eine mögliche Pinbelegung des GAL16V8.

Der GAL-Assembler erzeugt aus den eingegebenen Gleichungen die notwendigen Daten zur Programmierung des GALs. Zunächst zeigen die *Abb. 5.14a, b* die Fuse-Matrix, die alle Verbindungen der Logikmatrix übersichtlich darstellt. Es fällt auf, daß bei den Ausgangszellen 14 bis 17 die ersten Reihen keine Undverknüpfung enthalten. Diese Reihen bilden die Produktterme zur Freigabe der Tristate-Ausgänge. Da alle vier Ausgänge ständig aktiv sein sollen, muß folglich das Freigabesignal 1 ergeben. Dies ist dann erfüllt, wenn keine Undverknüpfung vorliegt. Bei den beiden Ausgangszellen 18 und 13, die als Eingang definiert sind, wird der Tristate-Ausgang in den hochohmigen Zustand geschaltet. Dies wird dadurch erreicht, daß jeweils der erste Produktterm alle Signale mit ihren negierten Werten undverknüpft. Diese Verknüpfung ergibt den für das Freigabesignal erforderlichen Wert 0. Die Eingangssignale werden über die entsprechenden Ausgangszellen zurückgekoppelt. Signal T11 an Pin 18 erscheint beispielsweise in Spalte 6. Im Unterschied dazu gelangt beim Adreßdecoder (Betriebsmodus 1) das Signal an Pin 18 über die Rückkopplung der benachbarten Ausgangszelle OLMC(17) in die Spalte 10. Ein Vergleich der beiden vereinfachten Logikmatrizen in Abb. 5.1 und 5.8 verdeutlicht dies.

Abb. 5.15 zeigt die Jedec-Datei des Codeschlosses, aus der die Daten zur Programmierung des GALs erzeugt werden.

```
*L0000 00000000000000000000000000000000
*L0032 00000000000000000000000000000000
*L0064 00000000000000000000000000000000
*L0096 00000000000000000000000000000000
*L0128 00000000000000000000000000000000
*L0160 00000000000000000000000000000000
*L0192 00000000000000000000000000000000
*L0224 00000000000000000000000000000000
*L0256 00000000000000000000000000000000
*L0288 00000000000000000000000000000000
*L0320 00000000000000000000000000000000
```

zu Abb. 5.15

```
*L0352 00000000000000000000000000000000
*L0384 00000000000000000000000000000000
*L0416 00000000000000000000000000000000
*L0448 00000000000000000000000000000000
*L0480 00000000000000000000000000000000
*L0512 11111111111111111111111111111111
*L0544 11111101110101110111011101010101
*L0576 11101101111101110111011101010101
*L0608 00000000000000000000000000000000
*L0640 00000000000000000000000000000000
*L0672 00000000000000000000000000000000
*L0704 00000000000000000000000000000000
*L0736 00000000000000000000000000000000
*L0768 11111111111111111111111111111111
*L0800 11011101111101010111011101010101
*L0832 10011101110101110111011101010101
*L0864 00000000000000000000000000000000
*L0896 00000000000000000000000000000000
*L0928 00000000000000000000000000000000
*L0960 00000000000000000000000000000000
*L0992 00000000000000000000000000000000
*L1024 11111111111111111111111111111111
*L1056 11011101111101110101011101010101
*L1088 11011001111101010111011101010101
*L1120 00000000000000000000000000000000
*L1152 00000000000000000000000000000000
*L1184 00000000000000000000000000000000
*L1216 00000000000000000000000000000000
*L1248 00000000000000000000000000000000
*L1280 11111111111111111111111111111111
*L1312 11011101111101110111010101010101
*L1344 11011101101101110101011101010101
*L1376 00000000000000000000000000000000
*L1408 00000000000000000000000000000000
*L1440 00000000000000000000000000000000
*L1472 00000000000000000000000000000000
*L1504 00000000000000000000000000000000
*L1536 00000000000000000000000000000000
*L1568 00000000000000000000000000000000
*L1600 00000000000000000000000000000000
*L1632 00000000000000000000000000000000
*L1664 00000000000000000000000000000000
*L1696 00000000000000000000000000000000
*L1728 00000000000000000000000000000000
*L1760 00000000000000000000000000000000
*L1792 00000000000000000000000000000000
```

zu Abb. 5.15

```
*L1824 00000000000000000000000000000000
*L1856 00000000000000000000000000000000
*L1888 00000000000000000000000000000000
*L1920 00000000000000000000000000000000
*L1952 00000000000000000000000000000000
*L1984 00000000000000000000000000000000
*L2016 00000000000000000000000000000000
*L2048 00111100010101000100010101010011
*L2080 01010100000000000000000000000000
*L2112 00000000011111101111111111111111
*L2144 11111111111111111111111111111111
*L2176 111111111111111111
```

Abb. 5.15 Jedec-Datei des Codeschlosses

5.3 Registerausgang

In dieser Betriebsart steuern die Signale an Pin 1 und Pin 11 (GAL16V8) bzw. Pin 1 und Pin 13 (GAL20V8) die internen D-Flipflops an. Man spricht hier vom synchronen Betrieb, da das Taktsignal (CK) an Pin 1 allen Flipflops gleichzeitig zugeführt wird. Das Taktsignal gibt mit der positiven Taktflanke das Ergebnis der Verknüpfungen an die Ausgänge weiter. Pin 11 (GAL16V8) bzw. Pin 13 (GAL20V8) stellt den Aktivierungseingang $\overline{OE}$ der Ausgangszellen dar. Wird dieses Signal 0, so sind alle Registerausgänge aktiviert, während eine Eins den hochohmigen Zustand bewirkt. Die Signale an den Registerausgängen werden zurückgekoppelt und stehen so für Verknüpfungen zur Verfügung.

Man beachte, daß nicht alle Ausgangszellen als Registerausgang definiert werden müssen. Die restlichen Ausgangszellen sind dann Tristate-Ausgänge, deren Ausgangssignale jeweils mit einem Produktterm freigegeben werden. Die Signale CK und $\overline{OE}$ haben für die Tristate-Ausgänge keine Bedeutung. Der Tristate-Ausgang läßt sich auch als Eingang verwenden, indem er in den hochohmigen Zustand geschaltet wird.

Eine Rückstellschaltung sorgt bei den GALs dafür, daß alle Register nach Einschalten der Versorgungsspannung zurückgestellt werden. Die Q-Ausgänge aller internen Register werden nach einer spezifizierten Zeit auf Low geschaltet. Daraus resultiert, daß im synchronen Betriebsmodus die Ausgangsregister unabhängig von der Programmierung des XOR-Bits auf High liegen. Diese Eigenschaft bedeutet bei der Entwicklung eine große Erleichterung, da nach Einschalten der Versorgungsspannung ein genau definierter Zustand vorliegt.

Die beiden folgenden *Abb. 5.16* und *5.17* zeigen die vereinfachte Logikmatrix für den Betriebsmodus „Registerausgang". Der wesentliche Unterschied zu den beiden bisherigen Betriebsarten ist die Funktion der Signale an Pin 1 und Pin 11

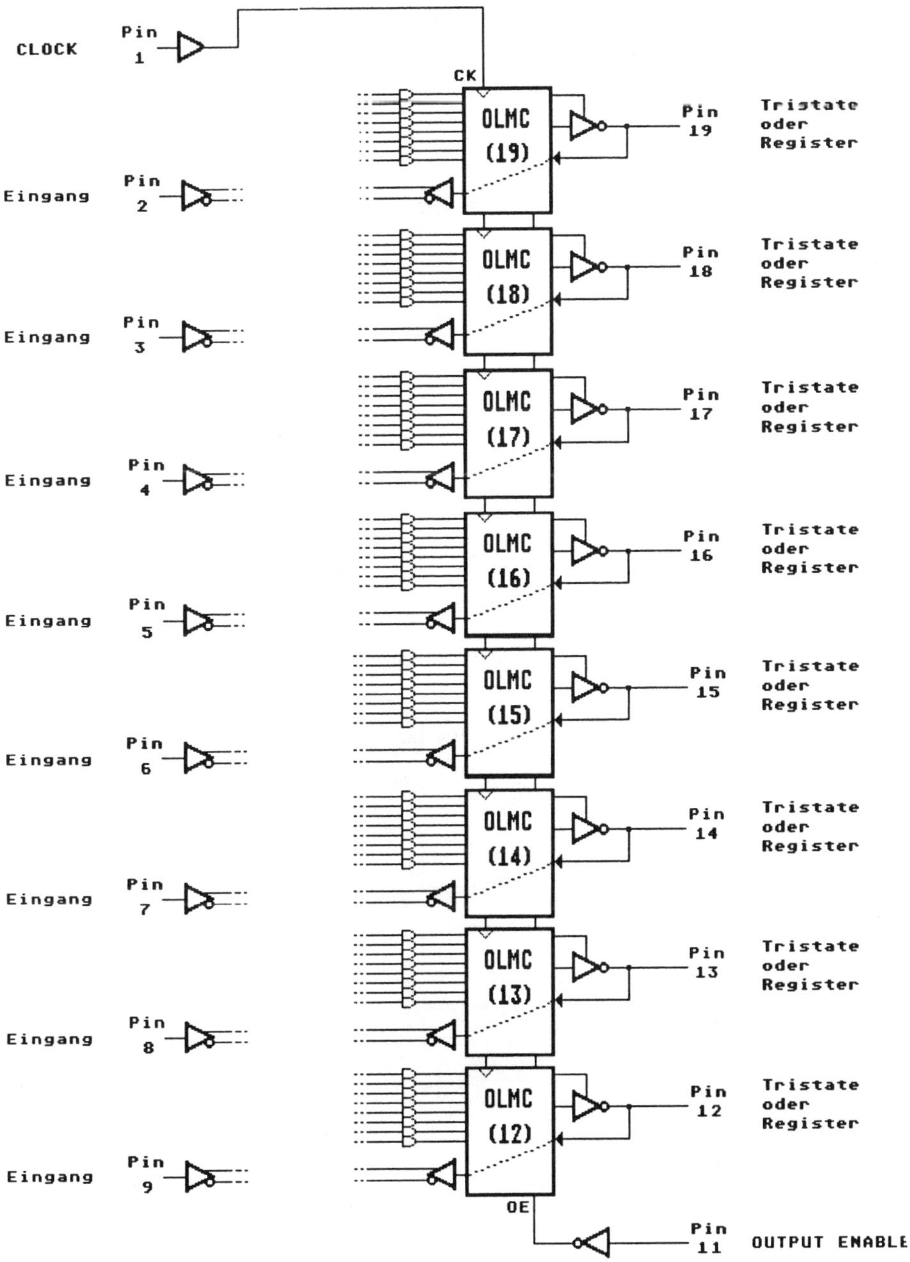

Abb. 5.16 Vereinfachte Logikmatrix des GAL16V8 für den Betriebsmodus „Registerausgang“

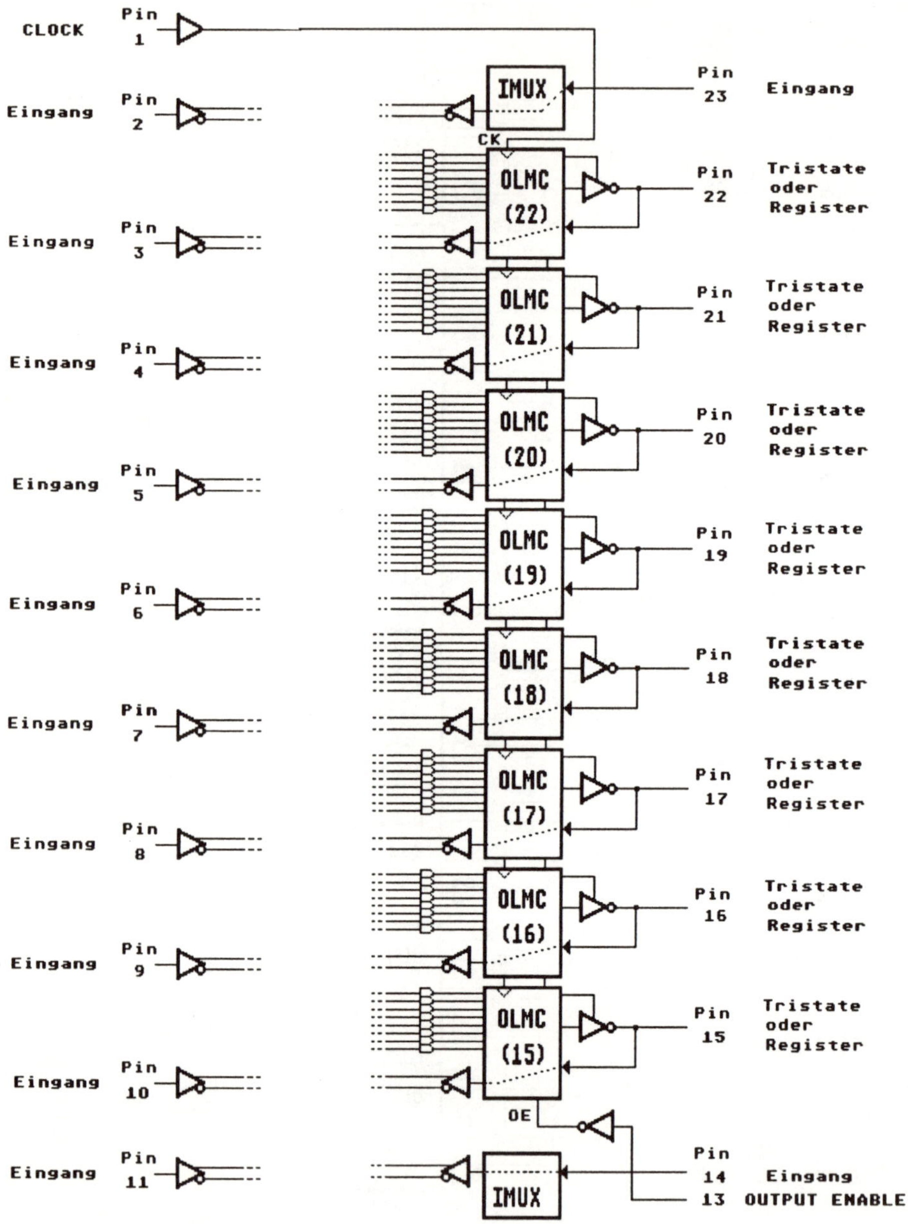

Abb. 5.17 Vereinfachte Logikmatrix des GAL20V8 für den Betriebsmodus „Registerausgang“

(GAL16V8) beziehungsweise Pin 1 und Pin 13 (GAL20V8). Die Signale an diesen Pins erscheinen nicht mehr in der Logikmatrix, sondern sie steuern die internen D-Flipflops.

In der folgenden Auflistung sind nochmals alle Punkte aufgeführt, die beim Betrieb als Register-Ausgang beachtet werden müssen.

Betriebsmodus 3

SYN = 0 AC0 = 1

GAL16V8: Pin 1 = CLOCK Pin 11 = $\overline{\text{OE}}$

GAL20V8: Pin 1 = CLOCK Pin 13 = $\overline{\text{OE}}$

XOR(n) = 0 → Ausgang aktiv Low

XOR(n) = 1 → Ausgang aktiv High

Mindestens eine Ausgangszelle muß als Registerausgang definiert werden.

OLMC als Tristate-Ausgang

- Die Freigabe des Ausgangssignals erfolgt über einen Produktterm.
- Der Tristate-Ausgang kann auch als Eingang definiert werden, indem das Freigabesignal auf Low gelegt wird (hochohmiger Zustand).
- Das Ausgangssignal des Tristate-Ausgangs wird zurückgekoppelt.
- Es können maximal sieben Produktterme oderverknüpft werden.
- AC1(n) = 1

OLMC als Registerausgang

- Mit der positiven Taktflanke gelangt das Ergebnis der Verknüpfung an den Ausgang.
- Das Ausgangssignal wird zurückgekoppelt.
- Es können maximal acht Produktterme oderverknüpft werden.
- Eine 0 am OE-Eingang gibt das Ergebnis der Registerausgänge frei. Eine 1 hingegen bewirkt den hochohmigen Zustand.
- AC1(n) = 0

Beispiel: Synchroner BCD-Zähler

Zähler werden heute in fast allen Bereichen der Elektronik eingesetzt. Sie gehören neben Flipflops und Gattern zu den wichtigsten Elementen der Digitaltechnik. Als Zähler bezeichnet man solche Schaltungen, die bei jedem Impuls am Takteingang zu einer Veränderung des Zählerstandes führen. Zum Aufbau verwendet man taktgesteuerte Flipflops, wie sie auch in den GALs zu finden sind. Da Flipflops nur die Ausgangszustände 0 oder 1 annehmen können, arbeiten alle Zähler im Binärcode. Der Zählerstand ergibt sich aus den Ausgangswerten der einzelnen Zählerstufen. Mit diesen Ausgangssignalen lassen sich Decoder ansteuern, die den Binärcode in einen anderen Code umwandeln. Die Zählkapazität ergibt sich aus der Anzahl der verwendeten Flipflops. Allgemein gilt: Mit n Flipflops kann man bis 2^n zählen.

Bei synchronen Zählern wird der Zählimpuls gleichzeitig an den Takteingang aller Stufen geführt. Da aber nicht alle Stufen beim Zählen umschalten dürfen, werden über zusätzliche Gatter die entsprechenden Eingänge des Flipflops blockiert. *Abb. 5.18* zeigt das Blockschaltbild eines Synchronzählers, der mit D-Flipflops aufgebaut ist.

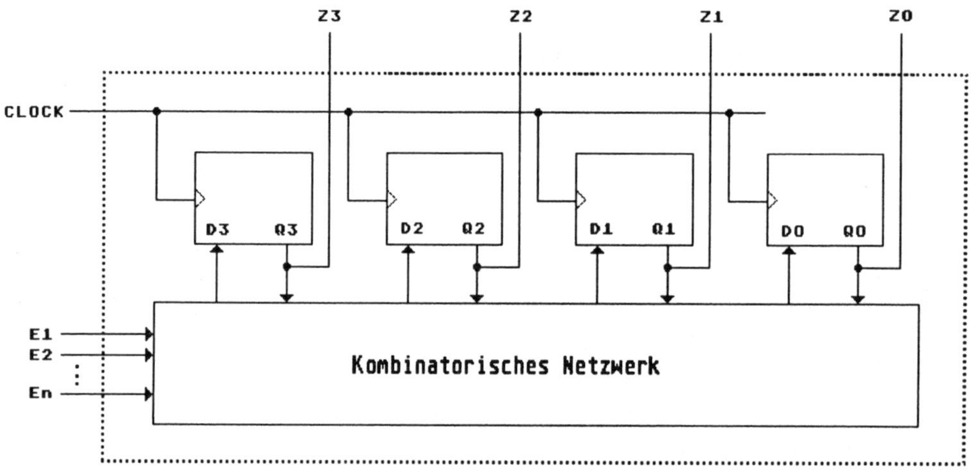

Abb. 5.18 Allgemeiner Synchronzähler

Man erkennt, daß das kombinatorische Netzwerk, das nur Gatter aber keine Flipflops enthält, aus den Signalen Q0...Q3 die Eingangssignale der D-Flipflops bildet. Die Aufgabe beim Entwurf eines Zählers besteht nun darin, die Logikfunktionen des kombinatorischen Netzwerkes zu bestimmen.

Im folgenden Beispiel wird der Entwurf eines synchronen BCD-Zälers mit einem GAL beschrieben.

Die synchrone Arbeitsweise ist dadurch gewährleistet, daß der Taktimpuls gleichzeitig an jeden Takteingang der internen D-Flipflops gelangt und so auch alle Ausgänge gleichzeitig ihren Zustand ändern. Diese Betriebsart verhindert Spitzen bei der anschließenden Verknüpfung, wie sie sonst häufig bei asynchronen Zählern auftreten. Der BCD-Zähler soll programmierbar sein, d. h. die Ausgänge können auf ein bestimmtes 4-Bit-Wort voreingestellt werden. Auch dieser Vorgang verläuft synchron. Das Voreinstellen der Ausgänge geschieht mit einem H-Signal am Ladeeingang. Dieses Signal setzt die eigentliche Zählerfunktion außer Betrieb. Mit dem nun folgenden Taktimpuls werden die Informationen an den Eingängen B3...B0 von den Ausgängen übernommen. Ein H-Pegel am Reseteingang setzt mit dem folgenden Taktimpuls alle Ausgänge auf 0 zurück. Die Zählrichtung des BCD-Zählers legt der Logikpegel am Moduseingang (M) fest. Für M = 0 ist die Zählrichtung vorwärts, für M = 1 zählt der Zähler zurück.

Zur Ermittlung der Schaltfunktionen trägt man zuerst die Wahrheitstabelle des BCD-Zählers auf. Dazu werden für jeden Zählimpuls die Ausgangszustände Q0...Q3 der D-Flipflops unter Berücksichtigung der Steuersignale bestimmt. Da das D-Flipflop mit jedem Taktimpuls die Daten am D-Eingang an den Ausgang Q übergibt, muß an den Eingängen D0...D3 die Bitkombination des nächsten Zählerstandes (Folgezustand) anliegen. Mit anderen Worten, das Signal am D-Eingang ist mit dem Ausgangssignal Q^+ identisch. Das Pluszeichen deutet darauf hin, daß das Signal nach dem Taktimpuls gemeint ist. Aus der Wahrheitstabelle des BCD-Zählers in *Abb. 5.19* lassen sich nun mit Hilfe des Karnaugh-Diagramms die Schaltfunktionen der Signale $Q0^+ ... Q3^+$ ermitteln.

				Momentaner Zustand				Folgezustand			
Zähl-folge	R	L	M	Q3	Q2	Q1	Q0	$Q3^+$	$Q2^+$	$Q1^+$	$Q0^+$
0	0	0	0	0	0	0	0	0	0	0	1
1	0	0	0	0	0	0	1	0	0	1	0
2	0	0	0	0	0	1	0	0	0	1	1
3	0	0	0	0	0	1	1	0	1	0	0
4	0	0	0	0	1	0	0	0	1	0	1
5	0	0	0	0	1	0	1	0	1	1	0
6	0	0	0	0	1	1	0	0	1	1	1
7	0	0	0	0	1	1	1	1	0	0	0
8	0	0	0	1	0	0	0	1	0	0	1
9	0	0	0	1	0	0	1	0	0	0	0
0	0	0	1	0	0	0	0	1	0	0	1
9	0	0	1	1	0	0	1	1	0	0	0
8	0	0	1	1	0	0	0	0	1	1	1
7	0	0	1	0	1	1	1	0	1	1	0
6	0	0	1	0	1	1	0	0	1	0	1
5	0	0	1	0	1	0	1	0	1	0	0
4	0	0	1	0	1	0	0	0	0	1	1
3	0	0	1	0	0	1	1	0	0	1	0
2	0	0	1	0	0	1	0	0	0	0	1
1	0	0	1	0	0	0	1	0	0	0	0
Laden	0	1	X	X	X	X	X	B3	B2	B1	B0
Reset	1	X	X	X	X	X	X	0	0	0	0

Abb. 5.19 Wahrheitstabelle des BCD-Zählers

Es ist zu beachten, daß der BCD-Zähler nur die Zählerzustände 0 (0000_2) bis 9 (1001_2) anzeigt. Da die anderen Zustände nicht auftreten, werden die Ausgangssignale hierfür mit X (don't care) belegt. Dadurch lassen sich die Schaltfunktionen erheblich vereinfachen. *Abb. 5.20* zeigt die Karnaugh-Diagramme und die daraus ermittelten Schaltfunktionen der Variablen $Q0^+ ... Q3^+$. Berücksichtigt man noch die beiden Steuersignale R (Reset) und L (Laden), so ergeben sich für den BCD-Zähler folgende Gleichungen:

Q3 Q2 \ Q0 Q1	0 0	1 0	1 1	0 1	
0 0	0	0	0	0	M=0
0 1	0	0	1	0	M=0
1 1	X	X	X	X	M=0
1 0	1	0	X	X	M=0
1 0	0	1	X	X	M=1
1 1	X	X	X	X	M=1
0 1	0	0	0	0	M=1
0 0	1	0	0	0	M=1

$$Q3^{+} = Q0 \cdot Q1 \cdot Q2 \cdot \overline{M} + \overline{Q0} \cdot \overline{Q1} \cdot Q3 \cdot \overline{M} + Q0 \cdot Q3 \cdot M + \overline{Q0} \cdot \overline{Q1} \cdot \overline{Q2} \cdot \overline{Q3} \cdot M$$

Q3 Q2 \ Q0 Q1	0 0	1 0	1 1	0 1	
0 0	0	0	1	0	M=0
0 1	1	1	0	1	M=0
1 1	X	X	X	X	M=0
1 0	0	0	X	X	M=0
1 0	1	0	X	X	M=1
1 1	X	X	X	X	M=1
0 1	0	1	1	1	M=1
0 0	0	0	0	0	M=1

$$Q2^{+} = \overline{Q1} \cdot Q2 \cdot \overline{M} + Q0 \cdot Q1 \cdot \overline{Q2} \cdot \overline{Q3} \cdot \overline{M} + \overline{Q0} \cdot Q2 \cdot \overline{M} + \overline{Q0} \cdot Q3 \cdot M + Q1 \cdot Q2 \cdot M + Q0 \cdot Q2 \cdot M$$

Q3 Q2 \ Q0 Q1	0 0	1 0	1 1	0 1	
0 0	0	1	0	1	M=0
0 1	0	1	0	1	M=0
1 1	X	X	X	X	M=0
1 0	0	0	X	X	M=0
1 0	1	0	X	X	M=1
1 1	X	X	X	X	M=1
0 1	1	0	1	0	M=1
0 0	0	0	1	0	M=1

$$Q1^{+} = Q0 \cdot \overline{Q1} \cdot \overline{Q3} \cdot \overline{M} + \overline{Q0} \cdot Q1 \cdot \overline{M} + \overline{Q0} \cdot Q3 \cdot M + Q0 \cdot Q1 \cdot M + \overline{Q0} \cdot \overline{Q1} \cdot Q2 \cdot M$$

Q3 Q2 \ Q0 Q1	0 0	1 0	1 1	0 1	
0 0	1	0	0	1	M=0
0 1	1	0	0	1	M=0
1 1	X	X	X	X	M=0
1 0	1	0	X	X	M=0
1 0	1	0	X	X	M=1
1 1	X	X	X	X	M=1
0 1	1	0	0	1	M=1
0 0	1	0	0	1	M=1

$$Q0^{+} = \overline{Q0}$$

Abb. 5.20 Karnaugh-Diagramme zum BCD-Zähler

Q0 = /R * L * B0 + /R * /L * /Q0

Q1 = /M * /R * /L * /Q0 * Q1
+ M * /R * /L * /Q0 * Q3
+ M * /R * /L * Q0 * Q1
+ M * /R * /L * /Q0 * /Q1 * Q2
+ /R * L * B1
+ /M * /R * /L * Q0 * /Q1 * /Q3

Q2 = /M * /R * /L * Q0 * Q1 * /Q2 * /Q3
+ /M * /R * /L * /Q0 * Q2
+ M * /R * /L * /Q0 * Q3
+ M * /R * /L * Q1 * Q2
+ M * /R * /L * Q0 * Q2
+ /R * L * B2
+ /M * /R * /L * /Q1 * Q2

Q3 = /M * /R * /L * /Q0 * /Q1 * Q3
+ M * /R * /L * Q0 * Q3
+ M * /R * /L * /Q0 * /Q1 * /Q2 * /Q3
+ /R * L * B3
+ /M * /R * /L * Q0 * Q1 * Q2

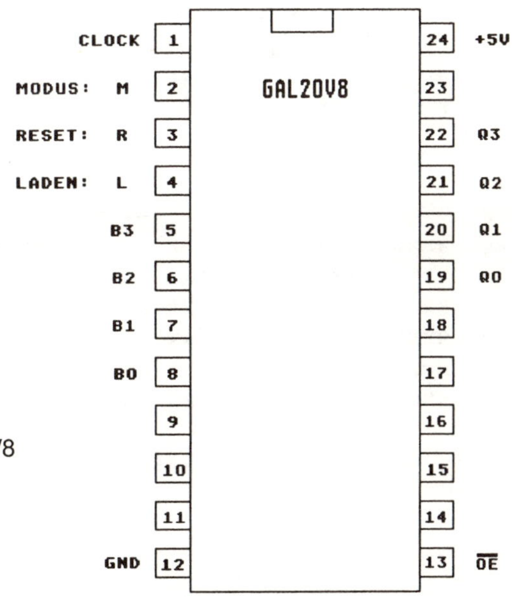

Abb. 5.21 Pinbelegung des GAL20V8 als BCD-Zähler

```
           Q    Q  B Q  B Q  B    B
    M    R 3  L 2  3 1  2 0  1    0

PIN 22 = Q3         XOR = 1    AC1 = 0
 0  -X-- -XX- -X-- ---X ---X ---- ---- ---- ---- ----
 1  X--- -XX- -X-- ---- --X- ---- ---- ---- ---- ----
 2  X--- -X-X -X-X ---X ---X ---- ---- ---- ---- ----
 3  ---- -X-- X--- X--- ---- ---- ---- ---- ---- ----
 4  -X-- -X-- -XX- --X- --X- ---- ---- ---- ---- ----
 5  XXXX XXXX XXXX XXXX XXXX XXXX XXXX XXXX XXXX XXXX
 6  XXXX XXXX XXXX XXXX XXXX XXXX XXXX XXXX XXXX XXXX
 7  XXXX XXXX XXXX XXXX XXXX XXXX XXXX XXXX XXXX XXXX

PIN 21 = Q2         XOR = 1    AC1 = 0
 8  -X-- -X-X -X-X --X- --X- ---- ---- ---- ---- ----
 9  -X-- -X-- -XX- ---- ---X ---- ---- ---- ---- ----
10  X--- -XX- -X-- ---- ---X ---- ---- ---- ---- ----
11  X--- -X-- -XX- --X- ---- ---- ---- ---- ---- ----
12  X--- -X-- -XX- ---- --X- ---- ---- ---- ---- ----
13  ---- -X-- X--- ---- X--- ---- ---- ---- ---- ----
14  -X-- -X-- -XX- ---X ---- ---- ---- ---- ---- ----
15  XXXX XXXX XXXX XXXX XXXX XXXX XXXX XXXX XXXX XXXX

PIN 20 = Q1         XOR = 1    AC1 = 0
16  -X-- -X-- -X-- --X- ---X ---- ---- ---- ---- ----
17  X--- -XX- -X-- ---- ---X ---- ---- ---- ---- ----
18  X--- -X-- -X-- --X- --X- ---- ---- ---- ---- ----
19  X--- -X-- -XX- ---X ---X ---- ---- ---- ---- ----
20  ---- -X-- X--- ---- ---- X--- ---- ---- ---- ----
21  -X-- -X-X -X-- ---X --X- ---- ---- ---- ---- ----
22  XXXX XXXX XXXX XXXX XXXX XXXX XXXX XXXX XXXX XXXX
23  XXXX XXXX XXXX XXXX XXXX XXXX XXXX XXXX XXXX XXXX

PIN 19 = Q0         XOR = 1    AC1 = 0
24  ---- -X-- X--- ---- ---- ---- X--- ---- ---- ----
25  ---- -X-- -X-- ---- ---X ---- ---- ---- ---- ----
26  XXXX XXXX XXXX XXXX XXXX XXXX XXXX XXXX XXXX XXXX
27  XXXX XXXX XXXX XXXX XXXX XXXX XXXX XXXX XXXX XXXX
28  XXXX XXXX XXXX XXXX XXXX XXXX XXXX XXXX XXXX XXXX
29  XXXX XXXX XXXX XXXX XXXX XXXX XXXX XXXX XXXX XXXX
30  XXXX XXXX XXXX XXXX XXXX XXXX XXXX XXXX XXXX XXXX
31  XXXX XXXX XXXX XXXX XXXX XXXX XXXX XXXX XXXX XXXX
```

Abb. 5.22 Fuse-Matrix der Ausgangszellen 19 bis 22

Die Pinbelegung des GALs bereitet im Registermodus keine Schwierigkeiten. Jede der acht Ausgangszellen kann als Registerausgang definiert werden. Die anderen Ausgangszellen sind dann Tristate-Ausgänge mit den bereits erläuterten Eigenschaften. Es ist hierbei zu beachten, daß die Steuereingänge CK und $\overline{\text{OE}}$ im Registermodus für die Tristate-Ausgänge unwirksam sind. Die Freigabe deren Ausgangssignale erfolgt durch einen Produktterm, nicht durch das Signal $\overline{\text{OE}}$. *Abb. 5.21* zeigt eine mögliche Pinbelegung des GAL20V8.

In *Abb. 5.22* ist schließlich die Fuse-Matrix der Ausgangszellen 19 bis 22 zu sehen. Die unbenutzten Ausgangszellen 15 bis 18 sind nicht aufgeführt, da hier keine Sicherungen gelöscht werden müssen.

6 Grundschaltungen mit GALs

In den folgenden Abschnitten werden Grundschaltungen beschrieben, die in der Digitaltechnik immer wieder eingesetzt werden. Dazu zählen neben den Standard-Verknüpfungen wie Und, Oder, Nand auch Decoder, Multiplexer, Flipflops, Zähler und Schieberegister. Obwohl der Großteil dieser Schaltkreise bereits als ICs zur Verfügung steht, lohnt sich der Einsatz eines GALs. Der Vorteil liegt darin, daß mehrere Grundschaltungen gleichzeitig in einem GAL integriert werden können. Dadurch wird der Platzbedarf der Logikschaltungen erheblich reduziert. Darüber hinaus kann der Anwender die Schaltkreise für den individuellen Bedarf abändern. Auf diese Weise wird auch vermieden, daß nur ein Teil der Schaltkreise benutzt wird. Ferner lassen sich nachträgliche Änderungen in der Logik ohne Abändern des Platinenlayouts mühelos durchführen.

Zur Beschreibung der Schaltkreise dienen die Wahrheitstabelle, das Karnaugh-Diagramm und die Schaltfunktion.

6.1 Flipflops

6.1.1 RS-Flipflop

Flipflops gehören zu den einfachsten Schaltungsanordnungen zur Speicherung binärer Informationen. Das RS-Flipflop hat zwei stabile Zustände, die durch

R	S	Q	Q^+
0	0	0	0
0	0	1	1
0	1	0	1
0	1	1	1
1	0	0	0
1	0	1	0
1	1	0	0
1	1	1	0

R \ Q, S	Q 0 / S 0	Q 1 / S 0	Q 1 / S 1	Q 0 / S 1
0	0	1	1	1
1	0	0	0	0

$$Q^+ = Q \cdot \overline{R} + S \cdot \overline{R}$$

Abb. 6.1 Wahrheitstabelle und Karnaugh-Diagramm des RS-Flipiflops

die Steuersignale Setzen (S) und Rücksetzen (R) hervorgerufen werden. *Abb. 6.1* zeigt die Wahrheitstabelle und das Karnaugh-Diagramm des RS-Flipflops. Die Schaltfunktion des RS-Flipflops lautet:

Q= /R*Q + /R*S

6.1.2 D-Latch (Transparentes D-Flipflop)

Ein D-Latch dient dazu, kurzzeitig anliegende Signale aufzufangen und für die Weiterverarbeitung bereitzuhalten. Ein derartiges Flipflop speichert für EN = 1 den an seinem Datenausgang D anliegenden Wert. Ist EN = 0, so wird der gespeicherte Wert zur Weiterverarbeitung bereitgehalten. In diesem Zustand bleibt eine Änderung des Signals am Dateneingang ohne Wirkung auf das Ausgangssignal. *Abb. 6.2* zeigt die Schaltung, die Wahrheitstabelle und das Karnaugh-Diagramm des D-Latches. Die Schaltfunktion des D-Latches lautet:

Q= Q*/EN + Q*D + D*EN

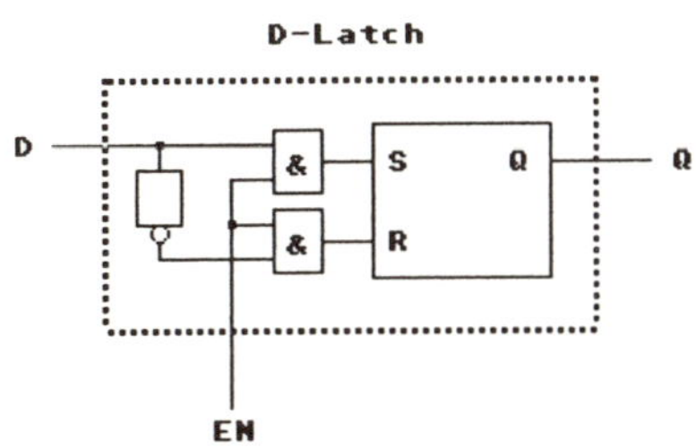

EN	D	Q	Q^+
0	0	0	0
0	0	1	1
0	1	0	0
0	1	1	1
1	0	0	0
1	0	1	0
1	1	0	1
1	1	1	1

Q / D / EN	0 / 0	1 / 0	1 / 1	0 / 1
0	0	1	1	0
1	0	0	1	1

$Q^+ = Q \cdot \overline{EN} + Q \cdot D + D \cdot EN$

Abb. 6.2 Schaltung, Wahrheitstabelle und Karnaugh-Diagramm des D-Latches

6.1.3 D-Flipflop

Das D-Flipflop gehört zu den taktflankengetriggerten Flipflops. Die am D-Eingang anliegende Information wird bei der positiven Taktflanke an den Ausgang Q übertragen. Aus *Abb. 6.3* ist ersichtlich, daß das D-Flipflop im wesentlichen aus zwei hintereinandergeschalteten D-Latches besteht. Für CK = 0 übergibt das erste D-Latch die Daten am D-Eingang an den Ausgang H. Wird CK = 1, so sperrt das erste D-Latch, während das zweite die Daten des Ausgangs H an den Ausgang Q weitergibt.

Die Schaltfunktion des D-Flipflops setzt sich folglich aus den Gleichungen der beiden D-Latches zusammen:

Q= H*CK + Q*H + Q*/CK
H= D*/CK + H*D + H*CK

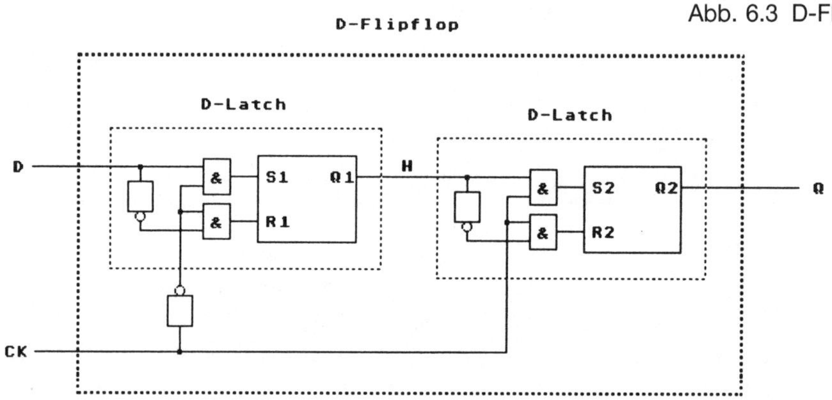

Abb. 6.3 D-Flipflop

Man beachte hierbei, daß zur Realisierung eines D-Flipflops mit GALs zwei Ausgangszellen benötigt werden.

Häufig verfügt ein D-Flipflop über einen Setzeingang S und einen Rücksetzeingang R. Diese beiden Steuersignale wirken unabhängig vom Takt. Für S = 1 wird Q = 1, während R = 1 den Ausgang Q auf 0 zurücksetzt.

Die Schaltfunktion des D-Flipflops mit Setz- und Rücksetzeingang lautet:

Q= H*CK*/R + Q*H*/R + Q*/CK*/R + S
H= D*/CK*/R + H*D*/R + H*CK*/R + S

6.1.4 JK-Flipflop

Das JK-Flipflop gehört zu den taktflankengetriggerten Flipflops. Dies bedeutet, daß nur die Impulsflanke am Takteingang für eine Änderung des Ausgangssignals maßgebend ist. Das Übertragungsverhalten eines JK-Flipflops wird durch die beiden Steuereingänge J und K bestimmt. In *Abb. 6.4* ist die Wahrheitstabelle des JK-Flipflops abgebildet.

J K	Q^+	
0 0	Q	- Speichern, keine Änderung des Ausgangszustandes
0 1	0	- Rücksetzen
1 0	1	- Setzen
1 1	$\overline{Q}$	- Wechseln, das Ausgangssignal ändert mit jeder Taktperiode seinen logischen Zustand

Abb. 6.4 Wahrheitstabelle des JK-Flipflops

Zur Ermittlung der Schaltfunktion des JK-Flipflops kann man folgenden Weg einschlagen: Man versucht den D-Eingang des D-Flipflops aus Kapitel 6.1.3 so zu beschalten, daß daraus ein JK-Flipflop entsteht. Diese Vorgehensweise hat den Vorteil, daß nicht die gesamte Schaltung des JK-Flipflops von Grund auf hergeleitet werden muß. *Abb. 6.5* zeigt die Wahrheitstabelle und das Karnaugh-Diagramm für den D-Eingang des D-Flipflops.

J	K	Q	D	
0	0	0	0	Speichern, keine Änderung
0	0	1	1	des Ausgangszustandes
0	1	0	0	Rücksetzen
0	1	1	0	
1	0	0	1	Setzen
1	0	1	1	
1	1	0	1	Wechseln
1	1	1	0	

Q / K / J	Q=0, K=0	Q=1, K=0	Q=1, K=1	Q=0, K=1
J=0	0	1	0	0
J=1	1	1	0	1

$D = Q \cdot \overline{K} + \overline{Q} \cdot J$

Abb. 6.5 Wahrheitstabelle und Karnaugh-Diagramm des D-Eingangs

Die gefundene Gleichung $D = J \cdot \overline{Q} + \overline{K} \cdot Q$ wird nun in die Schaltfunktion des D-Flipflops eingesetzt. Es ergeben sich folgende Gleichungen:

```
Q= H*CK + Q*H + Q*/CK
H= J*/Q*/CK + /K*Q*/CK + H*J*/Q + H*/K*Q + H*CK
```

Soll das JK-Flipflop zusätzlich über einen asynchronen Setz- und Rücksetzeingang verfügen, so müssen die Gleichungen wie folgt ergänzt werden:

```
Q= H*CK*/R + Q*H*/R + Q*/CK*/R + S
H= J*/Q*/CK*/R + /K*Q*/CK*/R + H*J*/Q*/R
   + H*/K*Q*/R + H*CK*/R + S
```

6.1.5 Teiler durch 2

Macht man beim D-Flipflop $D = \overline{Q}$ oder beim JK-Flipflop J = K = 1, so erhält man einen Teiler durch 2. Die Frequenz des Ausgangssignals Q ist halb so groß wie die des Taktsignals CK. Ferner weist das Ausgangssignal ein Tastverhältnis von 50% auf. Die Gleichungen des Teilers durch 2 lauten:

```
Q= H*CK + Q*H + Q*/CK
H= /Q*/CK + H*/Q + H*CK
```

6.2 Decoder, Demultiplexer, Multiplexer

6.2.1 1-aus-n-Decoder

Ein 1-aus-n-Decoder wählt mit Hilfe einer Dualzahl aus n Ausgängen genau den Ausgang aus, dessen Nummer mit der Dualzahl identisch ist. Die Numerierung der Ausgänge erfolgt von 0 bis n−1. Der ausgewählte Ausgang nimmt H-Pegel an, während alle anderen Low bleiben. *Abb. 6.6* zeigt die Wahrheitstabelle eines 1-aus-4-Decoders. A0 und A1 bilden die Dualzahl und EN (Enable) ist das Freigabesignal der Ausgänge.

EN	A1	A0	Q0	Q1	Q2	Q3
0	X	X	0	0	0	0
1	0	0	1	0	0	0
1	0	1	0	1	0	0
1	1	0	0	0	1	0
1	1	1	0	0	0	1

Abb. 6.6 Wahrheitstabelle eines 1-aus-4-Decoders

Die Schaltfunktionen der Ausgangsvariablen Q0 bis Q3 lassen sich mit Hilfe der disjunktiven Normalform ermitteln:

```
Q0= EN*/A0*/A1   Q2= EN*/A0*A1
Q1= EN*A0*/A1    Q3= EN*A0*A1
```

6.2.2 Demultiplexer

Ein Demultiplexer verteilt 1 Eingang auf n Ausgänge. Die Auswahl des Ausgangs erfolgt über eine Dualzahl. *Abb. 6.7* zeigt die Wahrheitstabelle eines Demultiplexers für vier Ausgänge. A0 und A1 wählen den Ausgang aus. D ist der Dateneingang. Die Schaltfunktionen der Ausgangsvariablen lauten:

D	A1	A0	Q0	Q1	Q2	Q3
0	0	0	0	0	0	0
0	0	1	0	0	0	0
0	1	0	0	0	0	0
0	1	1	0	0	0	0
1	0	0	1	0	0	0
1	0	1	0	1	0	0
1	1	0	0	0	1	0
1	1	1	0	0	0	1

```
Q0= D*/A0*/A1   Q2= D*/A0*A1
Q1= D*A0*/A1    Q3= D*A0*A1
```

Abb. 6.7 Demultiplexer mit vier Ausgängen

6.2.3 Multiplexer

Der Multiplexer ist die Umkehrung des Demultiplexers. Er schaltet n Eingänge auf einen Ausgang. Der Eingang wird mit einer Dualzahl ausgewählt. *Abb. 6.8* zeigt die Wahrheitstabelle eine Multiplexers mit vier Eingängen. Für den Ausgang Q ergibt sich folgende Schaltfunktion:

Q= /A0*/A1*E0 + A0*/A1*E1 + /A0*A1*E2 + A0*A1*E3

E3	E2	E1	E0	A1	A0	Q
X	X	X	1	0	0	1
X	X	X	0	0	0	0
X	X	1	X	0	1	1
X	X	0	X	0	1	0
X	1	X	X	1	0	1
X	0	X	X	1	0	0
1	X	X	X	1	1	1
0	X	X	X	1	1	0

Abb. 6.8 Wahrheitstabelle eines Multiplexers mit vier Eingängen

6.2.4 Multiplexer mit Latch

Bei diesem Multiplexer wird die Dualzahl, die den Ausgang auswählt, gespeichert. Auf diese Weise lassen sich auch Signale verarbeiten, die nur kurzzeitig anliegen. Ein Anwendungsbeispiel wäre die Ansteuerung eines Multiplexers über die Centronics-Schnittstelle eines Computers. Dort sind die Daten nur so lange gültig, wie das Steuersignal $\overline{DS}$ (Datastrobe) Low-Potential führt (*Abb. 6.9*).

Zuerst müssen die Schaltfunktionen der Hilfsvariablen QA0 und QA1 ermittelt werden. Hierbei muß beachtet werden, daß das Signal $\overline{DS}$ Low-aktiv ist. Nach Kapitel 6.1.2 ergeben sich folgende Gleichungen:

QA0= DS*QA0 + /DS*A0 + A0*QA0
QA1= DS*QA1 + /DS*A1 + A1*QA1

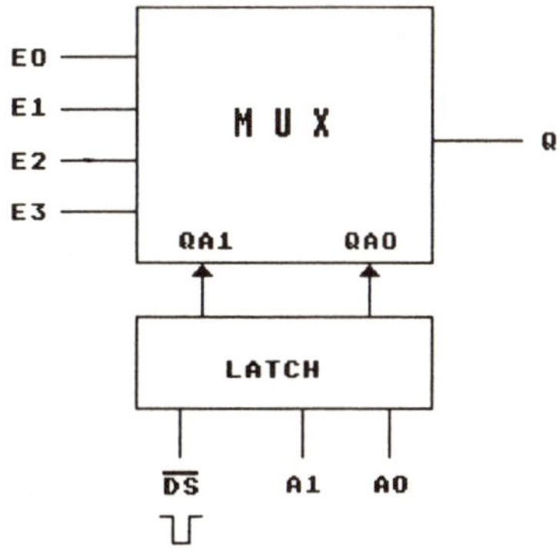

Abb. 6.9 Multiplexer mit Latch

QA0 und QA1 können nun in die allgemeinen Gleichungen des Multiplexers eingesetzt werden. Die Schaltfunktion der Ausgangsvariablen Q lautet somit:

```
Q= /QAO*/QA1*EO + QAO*/QA1*E1 + /QAO*QA1*E2 + QAO*QA1*E3
```

6.3 Arithmetische Schaltkreise

6.3.1 Volladdierer

Beim Volladdierer kommt im Gegensatz zum Halbaddierer der Übertrag der nächst niederen Stelle hinzu. Zur Addition von zwei mehrstelligen Dualzahlen ist für jede Stelle ein Volladdierer notwendig. Lediglich für die erste Stelle genügt ein Halbaddierer, da dort kein Übertrag der nächst niederen Stelle auftritt. Der Volladdierer liefert die Summe S und den Übertrag C. *Abb. 6.10*

C_{n-1}	B_n	A_n	S_n	C_n
0	0	0	0	0
0	0	1	1	0
0	1	0	1	0
0	1	1	0	1
1	0	0	1	0
1	0	1	0	1
1	1	0	0	1
1	1	1	1	1

A_n	0	1	1	0
B_n / C_{n-1}	0	0	1	1
0	0	1	0	1
1	1	0	1	0

$$S_n = A_n \cdot \overline{B}_n \cdot \overline{C}_{n-1} + \overline{A}_n \cdot B_n \cdot \overline{C}_{n-1} + \overline{A}_n \cdot \overline{B}_n \cdot C_{n-1} + A_n \cdot B_n \cdot C_{n-1}$$

A_n	0	1	1	0
B_n / C_{n-1}	0	0	1	1
0	0	0	1	0
1	0	1	1	1

$$C_n = A_n \cdot B_n + A_n \cdot C_{n-1} + B_n \cdot C_{n-1}$$

Abb. 6.10 Wahrheitstabelle und Karnaugh-Diagramme zum Volladdierer

zeigt die Wahrheitstabelle sowie die Karnaugh-Diagramme der Ausgangsvariablen. Die Schaltfunktionen des Volladdierers lauten:

$S_n = A_n * /B_n * /C_{n-1} + /A_n * B_n * /C_{n-1} + /A_n * /B_n * C_{n-1} + A_n * B_n * C_{n-1}$
$C_n = A_n * B_n + A_n * C_{n-1} + B_n * C_{n-1}$

6.3.2 Komparator

Ein Komparator vergleicht zwei Dualzahlen miteinander. An den Ausgängen steht das Ergebnis des Vergleichs zwischen den beiden Dualzahlen A und B zur Verfügung: A>B, A<B und A=B. *Abb. 6.11* zeigt die Wahrheitstabelle und die Karnaugh-Diagramme eines 2-Bit-Komparators. Die Schaltfunktionen lauten somit:

(A>B)= A1*/B1 + A0*/B1*/B0 + A0*A1*/B0
(A=B)= /A0*/A1*/B0*/B1 + A0*/A1*B0*/B1
+ A0*A1*B0*B1 + /A0*A1*/B0*B1
(A<B)= /A1*B1 + /A0*B1*B0 + /A0*/A1*B0

B1	B0	A1	A0	A>B	A=B	A<B
0	0	0	0	0	1	0
0	0	0	1	1	0	0
0	0	1	0	1	0	0
0	0	1	1	1	0	0
0	1	0	0	0	0	1
0	1	0	1	0	1	0
0	1	1	0	1	0	0
0	1	1	1	1	0	0
1	0	0	0	0	0	1
1	0	0	1	0	0	1
1	0	1	0	0	1	0
1	0	1	1	1	0	0
1	1	0	0	0	0	1
1	1	0	1	0	0	1
1	1	1	0	0	0	1
1	1	1	1	0	1	0

A0	0	1	1	0
A1	0	0	1	1
B1 B0				
0 0	0	1	1	1
0 1	0	0	1	1
1 1	0	0	0	0
1 0	0	0	1	0

$$A>B = A1 \cdot \overline{B1} + A0 \cdot \overline{B1} \cdot \overline{B0} + A0 \cdot A1 \cdot \overline{B0}$$

A0	0	1	1	0
A1	0	0	1	1
B1 B0				
0 0	1	0	0	0
0 1	0	1	0	0
1 1	0	0	1	0
1 0	0	0	0	1

$$A=B = \overline{A0} \cdot \overline{A1} \cdot \overline{B0} \cdot \overline{B1} + A0 \cdot \overline{A1} \cdot B0 \cdot \overline{B1} + A0 \cdot A1 \cdot B0 \cdot B1 + \overline{A0} \cdot A1 \cdot \overline{B0} \cdot B1$$

A0	0	1	1	0
A1	0	0	1	1
B1 B0				
0 0	0	0	0	0
0 1	1	0	0	0
1 1	1	1	0	1
1 0	1	1	0	0

$$A<B = \overline{A1} \cdot B1 + \overline{A0} \cdot B1 \cdot B0 + \overline{A0} \cdot \overline{A1} \cdot B0$$

Abb. 6.11 Wahrheitstabelle und Karnaugh-Diagramme des 2-Bit-Komparators

6.4 Sequentielle Schaltwerke

Die in den folgenden Abschnitten erläuterten Schaltungen können nur im Betriebsmodus „Registerausgang“ realisiert werden. Dies bedeutet, daß nur die positive Impulsflanke am Takteingang (Pin 1 der GALs) für eine Änderung der Ausgangssignale maßgebend ist. Das Taktsignal gelangt gleichzeitig an jeden Takteingang der internen D-Flipflops.

6.4.1 Schieberegister

Beim Schieberegister wird die am Eingang anliegende Information mit jedem Taktimpuls um eine Stelle nach links oder rechts verschoben. Im folgenden Beispiel wird ein 4-Bit-Schieberegister vorgestellt, das folgende Operationen durchführen kann:

- parallele Eingabe
- Rechtsschiebebetrieb (von Q0 in Richtung Q3)
- Linksschiebebetrieb (von Q3 in Richtung Q0)

Um die Daten an den Eingängen E0 bis E3 parallel einzuspeichern, muß der Ladeeingang ein H-Signal erhalten. Mit der nun folgenden Impulsflanke werden die Eingangsdaten an die Ausgänge Q0 bis Q3 übertragen. Das Schieberegister arbeitet im Rechtsschiebebetrieb, wenn M (Modus) auf High liegt. Für M=0 werden die Daten in Richtung Q0 verschoben. Der serielle Eingang wird mit SI (Serial Input) bezeichnet. *Abb. 6.12* zeigt die Wahrheitstabelle des Schieberegisters. Daraus ergeben sich folgende Schaltfunktionen:

```
Q0= SI*/L*M + Q1*/L*/M + E0*L      Q2= Q1*/L*M + Q3*/L*/M + E2*L
Q1= Q0*/L*M + Q2*/L*/M + E1*L      Q3= Q2*/L*M + SI*/L*/M + E3*L
```

Eingänge							Momentaner Zustand				Folgezustand			
L	M	E0	E1	E2	E3	SI	Q0	Q1	Q2	Q3	$Q0^+$	$Q1^+$	$Q2^+$	$Q3^+$
0	1	X	X	X	X	X	X	X	X	X	SI	Q0	Q1	Q2
0	0	X	X	X	X	X	X	X	X	X	Q1	Q2	Q3	SI
1	X	X	X	X	X	X	X	X	X	X	E0	E1	E2	E3

Abb. 6.12 Wahrheitstabelle des Schieberegisters

6.4.2 Zähler mit Siebensegmentdecodierung

Die folgende Schaltung ermöglicht den Einsatz eines GALs als Zähler mit Siebensegmentdecodierung (*Abb. 6.13*). Die Ausgänge des GALs steuern über Widerstände die einzelnen Segmente einer Siebensegmentanzeige mit gemeinsamer Anode an. Jeder Impuls am Clock-Eingang erhöht den Zählerstand um

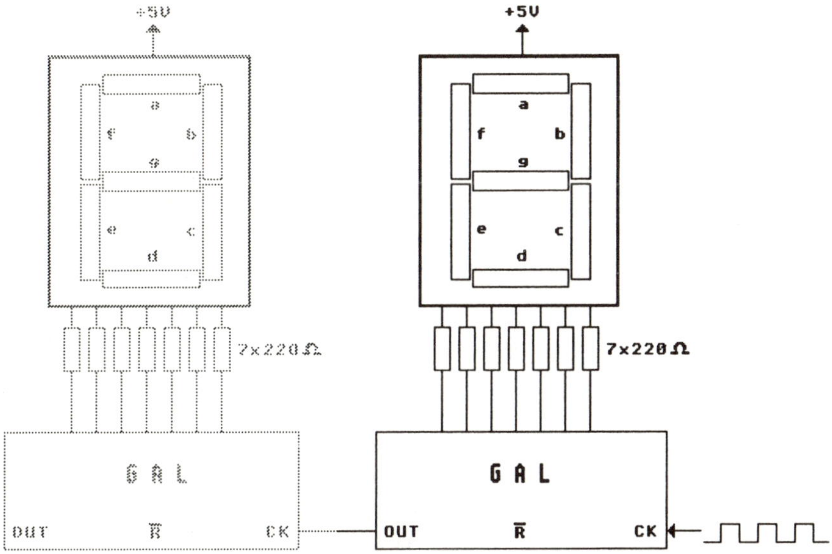

Abb. 6.13 GAL als Zähler mit Siebensegmentdecodierung

Zähler-stand	Momentaner Zustand									Folgezustand							
	R̄	a	b	c	d	e	f	g	OUT	a⁺	b⁺	c⁺	d⁺	e⁺	f⁺	g⁺	OUT⁺
0	1	0	0	0	0	0	0	1	1	1	0	0	1	1	1	1	1
1	1	1	0	0	1	1	1	1	1	0	0	1	0	0	1	0	1
2	1	0	0	1	0	0	1	0	1	0	0	0	0	1	1	0	1
3	1	0	0	0	0	1	1	0	1	1	0	0	1	1	0	0	1
4	1	1	0	0	1	1	0	0	1	0	1	0	0	1	0	0	1
5	1	0	1	0	0	1	0	0	1	0	1	0	0	0	0	0	0
6	1	0	1	0	0	0	0	0	0	0	0	0	1	1	1	1	0
7	1	0	0	0	1	1	1	1	0	0	0	0	0	0	0	0	0
8	1	0	0	0	0	0	0	0	0	0	0	0	0	1	0	0	0
9	1	0	0	0	0	1	0	0	0	0	0	0	0	0	0	1	1
RESET	0	X	X	X	X	X	X	X	X	0	0	0	0	0	0	1	1

Abb. 6.14 Wahrheitstabelle des Zählers mit Siebensegmentdecodierung

eins. Die Schaltung verfügt zusätzlich über einen Rücksetzeingang R. Mit dem Ausgangssignal OUT können mehrere Zähler hintereinander geschaltet werden. *Abb. 6.14* zeigt die Wahrheitstabelle des Zählers. Dabei ist zu beachten, daß bei einer Null am Ausgang das entsprechende Segment aufleuchtet. Die Schaltfunktionen der Ausgangsvariablen lauten:

```
a=     /a*/b*/c*/d*/e*/f*g*OUT*R + /a*/b*/c*/d*e*f*/g*OUT*R
b=      a*/b*/c*d*e*/f*/g*OUT*R + /a*b*/c*/d*e*/f*/g*OUT*R
c=      a*/b*/c*d*e*f*g*OUT*R
d=     /a*/b*/c*/d*/e*/f*g*OUT*R + /a*/b*/c*/d*e*f*/g*OUT*R
        + /a*b*/c*/d*/e*/f*/g*/OUT*R
/e=     a*/b*/c*d*e*f*g*OUT*R + /a*b*/c*/d*e*/f*/g*OUT*R
        + /a*/b*/c*d*e*f*g*/OUT*R + /a*/b*/c*/d*e*/f*/g*/OUT*R + /R
f=     /a*/b*/c*/d*/e*/f*g*OUT*R + a*/b*/c*d*e*f*g*OUT*R
        + /a*/b*c*/d*/e*f*/g*OUT*R + /a*b*/c*/d*/e*/f*/g*/OUT*R
g=     /a*/b*/c*/d*/e*/f*g*OUT*R + /a*b*/c*/d*/e*/f*/g*/OUT*R
        + /a*/b*/c*/d*e*/f*/g*/OUT*R + /R
/OUT=  /a*b*/c*/d*e*/f*/g*OUT*R + /a*b*/c*/d*/e*/f*/g*/OUT*R
        + /a*/b*/c*d*e*f*g*/OUT*R + /a*/b*/c*/d*/e*/f*/g*/OUT*R
```

6.4.3 4-Bit-Binärzähler

Im Unterschied zum BCD-Zähler decodiert der 4-Bit-Binärzähler die Zählerzustände 0 bis 15. Die Ausgänge Q0 bis Q3 ändern mit jeder positiven Impulsflanke entsprechend der Wahrheitstabelle in *Abb. 6.15* ihren Zustand. Der Zähler läßt sich durch ein H-Signal am Reset-Eingang R synchron auf 0000

Zählfolge	Momentaner Zustand R	Q3	Q2	Q1	Q0	Folgezustand $Q3^+$	$Q2^+$	$Q1^+$	$Q0^+$
0	0	0	0	0	0	0	0	0	1
1	0	0	0	0	1	0	0	1	0
2	0	0	0	1	0	0	0	1	1
3	0	0	0	1	1	0	1	0	0
4	0	0	1	0	0	0	1	0	1
5	0	0	1	0	1	0	1	1	0
6	0	0	1	1	0	0	1	1	1
7	0	0	1	1	1	1	0	0	0
8	0	1	0	0	0	1	0	0	1
9	0	1	0	0	1	1	0	1	0
10	0	1	0	1	0	1	0	1	1
11	0	1	0	1	1	1	1	0	0
12	0	1	1	0	0	1	1	0	1
13	0	1	1	0	1	1	1	1	0
14	0	1	1	1	0	1	1	1	1
15	0	1	1	1	1	0	0	0	0
Reset	1	X	X	X	X	0	0	0	0

Abb. 6.15 Wahrheitstabelle des 4-Bit-Binärzählers

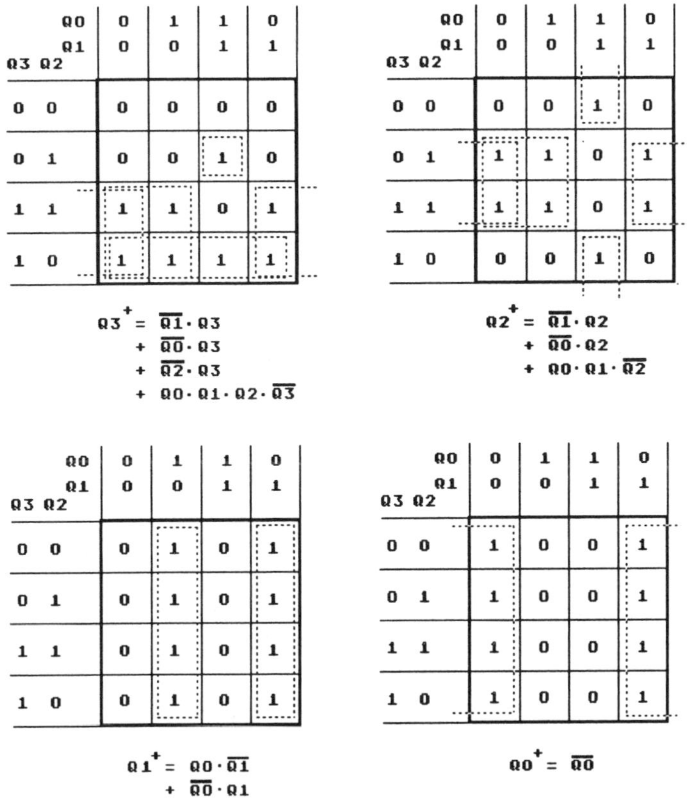

Abb. 6.16 Karnaugh-Diagramme des 4-Bit-Binärzählers

zurücksetzen. *Abb. 6.16* zeigt die Karnaugh-Diagramme der Ausgangsvariablen Q0 bis Q3. Die vollständigen Gleichungen der Ausgangsvariablen Q0 bis Q3 lauten:

```
Q3 = /Q1*Q3*/R + /Q0*Q3*/R + /Q2*Q3*/R + Q0*Q1*Q2*/Q3*/R
Q2 = /Q1*Q2*/R + /Q0*Q2*/R + Q0*Q1*/Q2*/R
Q1 = Q0*/Q1*/R + /Q0*Q1*/R
Q0 = /Q0*/R
```

6.4.4 n-stufiger Binärzähler

Im vorigen Kapitel wurde mit Hilfe der Wertetabelle und der Karnaugh-Diagramme ein 4-Bit-Binärzähler entworfen. Möchte man diesen Zähler auf mehr als vier Stufen erweitern, so wird der Entwurf mit Wertetabelle und Karnaugh-Diagramm zu umständlich. Bei sieben Stufen wären in der Wertetabelle bereits $2^7 = 128$ Zeilen erforderlich. Bei genauerer Untersuchung mehrstufiger Binärzähler fällt nämlich eine gewisse Gesetzmäßigkeit auf, die den Entwurf erheblich vereinfacht. Eine detaillierte Herleitung dazu entnehme man der entsprechenden Fachliteratur.

Die Gleichungen eines n-stufigen Binärzählers mit den Ausgangsvariablen Q_0 bis Q_m ($m = n - 1$) lauten:

$$
\begin{aligned}
Q_m = {} & /R * /Q_m * Q_0 * Q_1 * \ldots * Q_{m-1} \\
& + /R * Q_m * /Q_0 \\
& + /R * Q_m * /Q_1 \\
& \vdots \\
& + /R * Q_m * /Q_{m-1}
\end{aligned}
$$

Da in den Ausgangszellen der beiden GALs 16V8 und 20V8 jeweils nur acht Produktterme oderverknüpft werden, können Binärzähler mit maximal acht Stufen realisiert werden.

6.4.5 Signalgenerator

Im folgenden Abschnitt wird anhand eines Beispiels eine Methode beschrieben, mit der aus einem Taktsignal ein beliebiges Signal erzeugt werden kann. Die Vorgehensweise besteht darin, daß man einen Zähler entwirft, bei dem ein Ausgangssignal das gesuchte Signal bildet. Die Anzahl der Flipflops, die zum Aufbau des Zählers notwendig sind, richtet sich nach der Periodendauer des

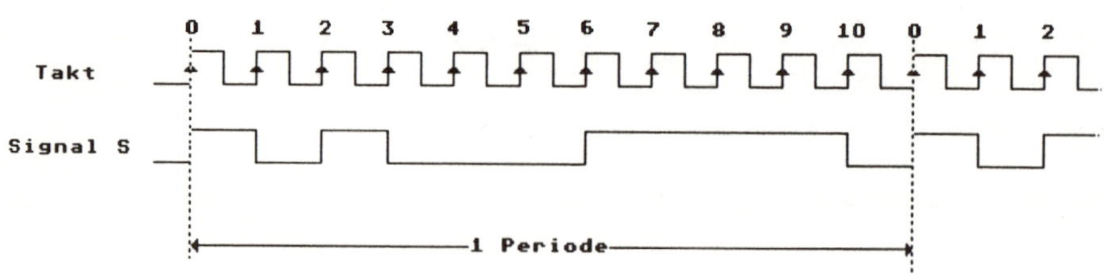

Abb. 6.17 Beispiel zum Signalgenerator

Abb. 6.18 Wahrheitstabelle des Signalgenerators

Takt	Momentaner Zustand Q3=S	Q2	Q1	Q0	Folgezustand $Q3^+=S^+$	$Q2^+$	$Q1^+$	$Q0^+$
0	1	0	0	0	0	0	0	0
1	0	0	0	0	1	0	0	1
2	1	0	0	1	0	0	0	1
3	0	0	0	1	0	0	1	0
4	0	0	1	0	0	0	1	1
5	0	0	1	1	1	0	1	0
6	1	0	1	0	1	0	1	1
7	1	0	1	1	1	1	0	0
8	1	1	0	0	1	1	0	1
9	1	1	0	1	0	1	0	0
10	0	1	0	0	1	0	0	0

Q0	0	1	1	0
Q1 / Q3 Q2	0	0	1	1
0 0	1	0	1	0
0 1	1	X	X	X
1 1	1	0	X	X
1 0	0	0	1	1

$$Q3^+=S^+ = Q0\cdot Q1 + \overline{Q0}\cdot Q2 + Q1\cdot Q3 + \overline{Q0}\cdot\overline{Q1}\cdot\overline{Q3}$$

Q0	0	1	1	0
Q1 / Q3 Q2	0	0	1	1
0 0	0	0	0	0
0 1	0	X	X	X
1 1	1	1	X	X
1 0	0	0	1	0

$$Q2^+ = Q2\cdot Q3 + Q0\cdot Q1\cdot Q3$$

Abb. 6.19 Karnaugh-Diagramme der Ausgangsvariablen

Q0	0	1	1	0
Q1 / Q3 Q2	0	0	1	1
0 0	0	1	1	1
0 1	0	X	X	X
1 1	0	0	X	X
1 0	0	0	0	1

$$Q1^+ = Q0\cdot\overline{Q3} + \overline{Q0}\cdot Q1$$

Q0	0	1	1	0
Q1 / Q3 Q2	0	0	1	1
0 0	1	0	0	1
0 1	0	X	X	X
1 1	1	0	X	X
1 0	0	1	0	1

$$Q0^+ = \overline{Q0}\cdot\overline{Q2}\cdot\overline{Q3} + \overline{Q0}\cdot Q1 + \overline{Q0}\cdot Q2\cdot Q3 + Q0\cdot\overline{Q1}\cdot\overline{Q2}\cdot Q3$$

Signals. Der Zähler muß auf jeden Fall so realisiert werden, daß kein Zählerstand zweimal auftritt. Im Beispiel nach *Abb. 6.17* beträgt die Periodendauer des Signales S elf Taktzyklen. Für den Entwurf des Zählers sind folglich mindestens vier Flipflops notwendig. *Abb. 6.18* zeigt die Wahrheitstabelle des

Zählers. Daraus ist ersichtlich, daß das Ausgangssignal Q3 mit dem Signal S identisch ist.

Bei der Ermittlung der Schaltfunktionen muß man beachten, daß nicht alle der 16 möglichen Zählerzustände benötigt werden. Im Karnaugh-Diagramm (*Abb. 6.19*) können die Zustände, die nicht auftreten, mit X (0 oder 1) bewertet werden. Es ergeben sich folgende Schaltfunktionen:

```
S = Q0*Q1 + /Q0*Q2 + Q1*S + /Q0*/Q1*/S
Q2 = Q2*S + Q0*Q1*S
Q1 = Q0*/S + /Q0*Q1
Q0 = /Q0*/Q2*/S + /Q0*Q1 + /Q0*Q2*S + Q0*/Q1*/Q2*S
```

6.4.6 Programmierbarer Teiler

Im folgenden Beispiel wird ein programmierbarer Teiler vorgestellt, dessen Teilerverhältnis mit einer Dualzahl eingestellt werden kann. Aus der Wahrheitstabelle in *Abb. 6.20* geht hervor, daß die drei Bits A0, A1 und A2 ein Teilerverhältnis zwischen 2 : 1 und 7 : 1 ermöglichen. Zur Realisierung des Teilers wird ein Zähler entworfen, dessen maximaler Zählerstand durch das

Teiler-faktor	Eingänge			Momentaner Zustand			Folge-zustand		
	A2	A1	A0	Q2	Q1	Q0	$Q2^+$	$Q1^+$	$Q0^+$
2	0	1	0	0	X	X	1	X	X
				1	X	X	0	X	X
3	0	1	1	0	0	X	0	1	X
				0	1	X	1	0	X
				1	0	X	0	0	X
4	1	0	0	0	0	X	0	1	X
				0	1	X	1	0	X
				1	0	X	1	1	X
				1	1	X	0	0	X
5	1	0	1	0	0	0	0	0	1
				0	0	1	0	1	0
				0	1	0	0	1	1
				0	1	1	1	0	0
				1	0	0	0	0	0
6	1	1	0	0	0	0	0	0	1
				0	0	1	0	1	0
				0	1	0	0	1	1
				0	1	1	1	0	0
				1	0	0	1	0	1
				1	0	1	0	0	0
7	1	1	1	0	0	0	0	0	1
				0	0	1	0	1	0
				0	1	0	0	1	1
				0	1	1	1	0	0
				1	0	0	1	0	1
				1	0	1	1	1	0
				1	1	0	0	0	0

Abb. 6.20 Wahrheitstabelle des programmierbaren Teilers

Q0	0	1	1	0	0	1	1	0	
Q1	0	0	1	1	1	1	0	0	
A1 A0 \ Q2	0	0	0	0	1	1	1	1	
0 0	X	X	X	X	X	X	X	X	A2=0
0 1	X	X	X	X	X	X	X	X	A2=0
1 1	0	0	1	1	X	X	0	0	A2=0
1 0	1	1	1	1	0	0	0	0	A2=0
1 0	0	0	1	0	X	X	0	1	A2=1
1 1	0	0	1	0	0	X	1	1	A2=1
0 1	0	0	1	0	X	X	X	0	A2=1
0 0	0	0	1	1	0	0	1	1	A2=1

$$
\begin{aligned}
Q2^+ = {} & \overline{Q2}\cdot\overline{A0}\cdot A1\cdot\overline{A2} \\
& + Q0\cdot Q1\cdot\overline{Q2} \\
& + \overline{Q1}\cdot Q2\cdot\overline{A0}\cdot\overline{A1} \\
& + \overline{Q0}\cdot\overline{Q1}\cdot Q2\cdot A1\cdot A2 \\
& + Q0\cdot Q2\cdot A0\cdot A2 \\
& + Q1\cdot\overline{Q2}\cdot\overline{A2} \\
& + Q1\cdot\overline{Q2}\cdot\overline{A0}\cdot\overline{A1}
\end{aligned}
$$

Q0	0	1	1	0	0	1	1	0	
Q1	0	0	1	1	1	1	0	0	
A1 A0 \ Q2	0	0	0	0	1	1	1	1	
0 0	X	X	X	X	X	X	X	X	A2=0
0 1	X	X	X	X	X	X	X	X	A2=0
1 1	1	1	0	0	X	X	0	0	A2=0
1 0	X	X	X	X	X	X	X	X	A2=0
1 0	0	1	0	1	X	X	0	0	A2=1
1 1	0	1	0	1	0	X	1	0	A2=1
0 1	0	1	0	1	X	X	X	0	A2=1
0 0	1	1	0	0	0	0	1	1	A2=1

$$
\begin{aligned}
Q1^+ = {} & Q0\cdot\overline{Q1}\cdot\overline{Q2} \\
& + \overline{Q0}\cdot Q1\cdot\overline{A0}\cdot A1 \\
& + Q0\cdot Q2\cdot A0\cdot A2 \\
& + \overline{Q1}\cdot\overline{A0}\cdot\overline{A1}\cdot A2 \\
& + \overline{Q1}\cdot\overline{Q2}\cdot\overline{A2} \\
& + \overline{Q0}\cdot Q1\cdot\overline{Q2}\cdot A0\cdot A2
\end{aligned}
$$

Abb. 6.21 Karnaugh-Diagramme der Ausgangsvariablen Q2 und Q1

Teilerverhältnis bestimmt wird. Bei einem Teilerverhältnis von 3 : 1 beispielsweise decodiert der Zähler nur die Zustände 0 bis 2, bei einem Teilerverhältnis von 6 : 1 die Zustände 0 bis 5. Q0, Q1 und Q2 sind die Ausgangssignale des Zählers, wobei Q2 gleichzeitig das Ausgangssignal des programmierbaren Teilers ist.

A1 A0 \ Q0 Q1 Q2	0 0 0	1 0 0	1 1 0	0 1 0	0 1 1	1 1 1	1 0 1	0 0 1	
0 0	x	x	x	x	x	x	x	x	A2=0
0 1	x	x	x	x	x	x	x	x	A2=0
1 1	x	x	x	x	x	x	x	x	A2=0
1 0	x	x	x	x	x	x	x	x	A2=0
1 0	1	0	0	1	x	x	0	1	A2=1
1 1	1	0	0	1	x	x	0	1	A2=1
0 1	1	0	0	1	x	x	x	0	A2=1
0 0	x	x	x	x	x	x	x	x	A2=1

$$Q0 = \overline{Q0}\cdot Q1\cdot\overline{Q2} + \overline{Q0}\cdot\overline{Q1}\cdot A1 + \overline{Q0}\cdot\overline{Q1}\cdot\overline{Q2}$$

Abb. 6.22 Karnaugh-Diagramm der Ausgangsvariable Q0

Die folgenden *Abb. 6.21* und *6.22* zeigen die Karnaugh-Diagramme der Ausgangsvariablen Q0, Q1 und Q2. Die Schaltfunktionen des programmierbaren Teilers lauten:

```
Q2 = /Q2*/A0*A1*/A2 + Q0*Q1*/Q2 + /Q1*Q2*/A0*/A1
   + /Q0*/Q1*Q2*A1*A2 + Q0*Q2*A0*A2 + Q1*/Q2*/A2
   + Q1*/Q2*/A0*/A1
Q1 = Q0*/Q1*/Q2 + /Q0*Q1*/A0*A1 + Q0*Q2*A0*A2
   + /Q1*/A0*/A1*A2 + /Q1*/Q2*/A2
   + /Q0*Q1*/Q2*A0*A2
Q0 = /Q0*Q1*/Q2 + /Q0*/Q1*A1 + /Q0*/Q1*/Q2
```

7 Programmiergerät und Software

Die Programmierung der GAL-Bausteine erfolgt mit den auf dem Markt befindlichen Geräten. Der gesamte Programmiervorgang läuft dann nach folgendem Schema ab: Die Software erzeugt aus den vom Anwender eingegebenen Daten die JEDEC-Datei, aus der hervorgeht, welche Sicherungen in der Logikmatrix programmiert werden müssen. Das Programmiergerät, das an einen Rechner angekoppelt ist, legt dann anhand dieser Datei die erforderlichen Spannungspegel an die Pins.

Allein von der Software hängt es ab, wie komfortabel sich die Programmierung der GALs gestalten läßt. Sie kann dabei mehrere Funktionen übernehmen. Neben der Eingabe der Logikfunktionen, Fehlermeldung bei Eingabefehlern und Minimierung der Schaltfunktion kann auch eine Simulation der im GAL programmierten Daten vorgenommen werden. Ein Beispiel für ein leistungsfähiges Entwicklungspaket ist der GDS-Prog und die Software GDS V1.3A und V2.0A, das zudem ein hochinteressantes Preis-Leistungsverhältnis bietet. Mit diesem Entwicklungspaket können nicht nur die beiden Standard-GALs 16V8 und 20V8 programmiert werden, sondern es eignet sich auch für die neuen GAL-Familien 22V10 und 20RA10 (vgl. Kapitel 9).

Der GAL-Programmier und die Software zeichnen sich durch folgende Merkmale aus:

* Modulares Konzept durch IC-Aufnehmersockel für die GALs 16V8, 16V8A, 20V8, 20V8A, 18V10, 22V10, 26V12 und 20RA10
* Generierung der Programmierspannung softwaremäßig durch D/A-Wandler
* Pufferung aller Signale des Printerports für größere Zuverlässigkeit.
* Schutz der GALs durch definiertes Anlegen der Versorgungs- und Programmierspannung
* Komfortable Softwareumgebung mit intelligenten Programmieralgorithmen, die die interne Kennung der GALs berücksichtigt und so Fehlprogrammierungen verhindert.

Anforderungen an den PC sind ein IBM-kompatibles Gerät, eine LPTx-Schnittstelle und mindestens 320KByte RAM. Trotz dieser minimalen Konfiguration werden die Programmiervorschriften der GALs erfüllt. Durch die universelle Auslegung des Programmiergerätes, speziell des Adaptersockels, bereitet es keine Schwierigkeiten die zweite und dritte Generation der GALs zu programmieren und auch zukünftige GAL-Entwicklungen an das Programmiergerät anzupassen. Eine Bezugquelle für das Programmiergerät und die Software findet sich im Anhang.

7.1 Das Programmiergerät

Das Programmiergerät GDS-Prog wurde bewußt einfach und modular konzipiert und besteht im wesentlichen aus dem Interface zur PC-Schnittstelle (LPTx), dem Adapter- und dem Programmiersockel sowie der Spannungsversorgung. Das Programmiergerät ist universell an Lineprinter-Ports von IBM-kompatiblen PCs anzuschließen. Diese Schnittstelle hat neben dem 8 Bit breiten Datenbus noch einige Steuersignale in TTL-Form, die eigentlich das Handshake zwischen Drucker und PC herstellen. Genau diese Signale werden genutzt, um das Programmiergerät zu steuern. Die LPT-Schnittstelle ist genormt und hat sich im Laufe der Jahre nicht geändert. Einzig die Adressen im I/O-Bereich können auf unterschiedlichen PCs verschieden sein. Es ist also völlig unerheblich auf welchem Rechner man den Programmierer anschließt: Ältere XTs, 486er, auch Notebooks, sie alle haben eine Druckerschnittstelle, die für den Anschluß des Programmiergerätes benutzt werden kann. Die Konfiguration der Schnittstelle sowie die komplette Steuerung des GDS-Prog sind in der Software GDS (Gal Development System) integriert. Da auch sonst an den Rechner keine Anforderungen an die Hardware, wie spezielle Grafikkarten oder Speicherausbau, gestellt werden, ist die Kombination Programmer GDS-Prog und Software GDS auf jedem PC lauffähig.

Warum sind Programmiergeräte allgemein so teuer? Ein Grund ist sicherlich, daß an jedem Pin des Programmiersockels mindestens drei elektrische Zustände anschaltbar sein müssen, nämlich Vcc, Uprog und Gnd. Die Bauteile, die diese Zustände erzeugen, wie Relais und D/A-Wandler, sind entsprechend der Pinzahl notwendig und die Summe der Teile dadurch teuer.

Ganz anders das Konzept des GDS-Prog: Ein Adapter für jeden GAL-Typ wird in einen 48-poligen Adaptersockel, der als Nullkraftsockel ausgeführt ist, gesteckt. Dieser Adapter legt die benötigten Verbindungen auf den 28-poligen Programmiersockel, der den zu programmierenden GAL aufnimmt. Es ist ersichtlich, daß durch dieses Konzept eine Menge Bausteine eingespart werden. Derzeit (März 93) sind sechs Adaptersockel verfügbar. Dieses Konzept sorgt für höchste Flexibilität bei kleinstem Aufwand. Auch zukünftige neue GALs können über einen Adapter und eine einfache Softwareerweiterung schnell in das System integriert werden.

Wie läuft ein Programmiervorgang eigentlich ab? Zunächst sucht man den passenden Adapter für den zu programmierenden GAL und bestückt den Adaptersockel. Die Verbindung zum PC erfolgt über ein 25-poliges Kabel mit Sub-D-Stecker. Das Programmiergerät wird dann eingeschaltet und die GDS-Software auf dem Rechner gestartet. Wenn die Gleichung programmiert ist und ein JEDEC-File erzeugt wurde, kann der GAL gebrannt werden. Das Programm liest zuerst eine Zelle des GAL aus. In ihr ist die Kennung und alle programmiertechnischen Daten des GAL enthalten. Diese Zelle ist vom Hersteller programmiert worden und heißt "Manufacturers Electronic Signature", kurz MES. Wird der Baustein nun über die Auswertung der MES erkannt, ermittelt das Progrmm die Programmierspannung und die Dauer der Programmierimpulse. Dieses ist Voraussetzung für einen ordnungsgemäßen Progrmmierablauf. Nur so ist sichergestellt, daß der GAL funktioniert und die Daten über Jahre erhalten bleiben. Der nächste Schritt im Programmiervorgang ist das vollständige Löschen des Bausteins. Erst dann werden mit der richtigen Programmierspannung und mit der richtigen Impulsdauer die Sicherungen in der Fuse-Matrix des GAL gebrannt. Nach dem Verify wird nun noch die vorher gesicherte MES wieder zurückgeschrieben. Der Programmiervorgang ist damit beendet.

7.2 Die Software

Die Bedienung des GAL-Programmiergerätes GDS-Prog ist in die GDS-Software integriert. Mit der auf SAA beziehungsweise CUA getrimmten Software wird der komplette Design- und Programmiervorgang bestimmt.

Der Assembler verarbeitet die mit dem integrierten Editor erzeugte Logikdatei, die sich aus einfachen Booleschen Verknüpfungen zusammensetzt. Die vom Assembler erzeugte JEDEC-Datei kann auch von anderen Programmen und Programmiergeräten weiterverarbeitet werden, da sie standardisiert ist.

Der komplette Leistungsumfang von GDS umfaßt dabei Editierung, Assemblierung, Simulation (nur Version 2.A) sowie Programmierung der GALs. Die Simulation ist ein wichtiges Hilfsmittel für den Entwickler bildschirmorientiert die spätere (Logik-) Funktion seines Bausteins vor dem Brennen zu testen. Die Simulatons-Software bezieht sich ausdrücklich nur auf die Logikfunktionen, um den Rahmen, auch den finanziellen, dieser Software nicht zu sprengen. Eine Timing-Simulation müßte auch externe Rückkopplungen von Widerständen, Leistungen, Kapazitäten oder andere ICs berücksichtigen, um praxisnahe Ergebnisse zu liefern.

Die Simulation, die sowohl mit Quelltext- als auch mit einem JEDEC-File durchgeführt werden kann, erlaubt die Darstellung aller Pins des Bausteins in einem Simulationsfenster. Eine abschaltbare Auto- CLK-Funktion für die Clock-Eingangspins wechselt bei jeder neuen Ausgabezeile den Pegel, um die Simulation getakteter GALs zu erleichtern.

Zusätzlich kann der Anwender einen Outputpin auswählen. GDS V2.0A erkennt alle ex- und impliziten Abhängigkeiten und präsentiert zwei zusätzliche Fenster mit den Simulationsdaten und dem zugehörigen Quelltext, der außerdem noch editiert werden kann. Auf diese Weise sind auch koplizierte Logikfunktionen am Bildschirm austestbar. Die beiden GDS-Versionen unterscheiden sich außer in der in V2.0A integrierten Simulation noch im Umfang der unterstützten Bausteine, wobei GDS V1.3A auf die ICs GAL 16V8/16V8A und 20V8/20V8A beschränkt ist, während V2.0A auch die GALs der 22V10 und 20RA10-Familien brennt.

Aus diesen GALs wird der zu programmierende Baustein ausgewählt, wobei die Software automatisch die für die Programmierung nötigen Programmierspannungen und – zeiten wählt. Diese Daten sind den Programmierunterlagen der GAL-Hersteller Lattice und National Semiconductor entnommen.

Die Einhaltung der Programmierdaten ist für die Zuverlässigkeit des Bausteins in der Schaltung wichtig. Die Hersteller garantieren die Logikfunktionen über die angegebenen Zeiträume natürlich nur bei korrekten Programmierwerten. Bei der Konzeption von GDS-Prog und der GDS-Software wurde auf dieses Einhalten besonderer Wert gelegt, da zunehmend elektronische Produkte mit GALs entstehen, deren Zuverlässigkeit von der Programmierqualität abhängt.

Die Zeitdauer der Programmierimpulse wird beim GDS-Prog aus der Programmier-Software (Borland C++) und der Hardware der PCs abgeleitet. Messungen mit dem Logikanalysator und verschiedenen PCs haben, unabhängig vom CPU-Typ, eine hohe Genauigkeit ergeben, die jederzeit in der Spezifikation der GAL-Hersteller lag.

7.3 Kurzbeschreibung der Software GDS (Gal Development System)

Nach erfolgreicher Installation von GDS meldet sich dieses mit dem folgenden Bildschirm (Abb. 7.1). Die Handhabung von GDS ist dann sehr einfach, nach Auswahl eines Menüteils (invers dargestellt) durch die Cursortasten links/rechts wird die entsprechende Aktion durch >RETURN< ausgewählt.

```
File    Compile      Simulate      Program      Options      eXit
──────────────────── <NONAME.GAL> ────────────────────────────────



└── 0001:001 — GAL Development System 2.0A Rel. 1.00 (C) by SH-Elektronik ──┘
```

Abb. 7.1 Basisbildschirm von GDS

Bitte beachten Sie, daß die kursiven Teile invers am Bildschirm dargestellt sind.

Die Bedienung von GDS geschieht immer auf gleichem Wege:

Zunächst selektieren Sie einen Menüpunkt in der obersten Zeile (Hauptmenü) mittels der Cursortasten <LEFT> und <RIGHT> sowie durch <RETURN>, anschließend mittels <CURSOR UP> und <CURSOR DOWN> aus den weiteren Menüs, die erstrebte Aktion beginnt mit <RETURN>. GDS startet die Bearbeitung und fordert – falls notwendig – weitere Aktionen von Ihnen. Sollte z.B. eine weitere Eingabe von der Tastatur aus notwendig sein, zeigt GDS den Cursor, der ansonsten immer unsichtbar bleibt. Da der gesamte Weg durch die Menüstruktur auch sehr lang werden kann, wurden für GDS einige Hotkeys definiert, die von jedem Punkt aus den direkten Zugriff auf die wichtigsten Funktionen gewährleisten.

Im Hauptmenü ist jeweils ein Buchstabe pro Menüwort großgeschrieben; <ALT>+dieser Buchstabe ergibt dann die entsprechende Funktion. Zusätzlich sind weitere Hotkeys definiert, die aus folgender Liste hervorgehen:

ALT + f	Aufruf FILE-Menü
ALT + c	COMPILE-Menü
ALT + s	SIMULATION-Menü
ALT + p	Starten des PROGRAM-Menüs
ALT + o	Auswahlbeginn der OPTIONs
ALT + x und ALT + <F4>	beenden von GDS
ALT + e	direkter Zugang zum ASCII-Editor
F10	Sprung in die oberste Menü-Ebene
F3	LOAD (aus File-Menü)
F2	SAVE (aus File-Menü)
SHIFT + <F3>	Beginn der Anzeige der detektierten Fehler, beginnend mit dem ersten Fehler, oder, falls schon im Erroreditor, Sprung zum nächsten Fehler
SHIFT + <F4>	startet ebenfalls den Erroreditor, jetzt am Ende beginnend, oder Sprung zum vorigen Fehler, falls bereits gestartet war

Diese Hotkeys dienen der komfortablen Bedienung von GDS, ohne jeweils den gesamten Menübaum durchlaufen zu müssen. In den nächsten Abschnitten werden die einzelnen Funktionen erklärt.

Zusätzlich können Sie, falls Sie in der Hauptmenüzeile ein Menü "aufgeschlagen" haben, die Cursortasten links/rechts dazu benutzen, das jeweils benachbarten Menü direkt zu öffnen. Es wird also nicht nur das eine Menü geschlossen und zum benachbarten Teil übergegangen, sondern dies nächste Teilmenü ebenso auf dem Bildschirm präsentiert, um Ihnen einen bequemen Zugang zu ermöglichen.

7.3.1 Das Menü FILE

Alle Tätigkeiten, die die Sourcecodeerstellung, laden/speichern auf Massenspeicher, Fehlerbehandlung nach Compilerläufen usw. betreffen, sind in dem Menüpart FILE zusammengefaßt. FILE erreichen Sie durch <ALT>+f oder – falls Sie im Hauptmenü sind – durch <RETURN>, sofern File revers unterlegt ist. Sie sehen dann folgenden Bildschirm (Abb. 7.2):

```
File    Compile    Simulate    Program    Options    eXit
---------------------- <NONAME.GAL> ----------------------
 LOAD   F3
 SAVE   F2
 SAVE AS
 EDIT   ALT-E
 NEW
 SHOW ERRORS
 OS SHELL
 EXIT   ALT-F4

-- 0001:001 — GAL Development System 2.0A Rel. 1.00  (C) by SH-Elektronik --
```

Abb. 7.2 Das Menü FILE

Die weitere Auswahl wird durch <CURSOR UP> oder <CURSOR DOWN> sowie <RETURN> erreicht, wenn das Entsprechende revers unterlegt ist.

Die erste Gruppe besteht aus LOAD, SAVE und SAVE AS. Bei LOAD und SAVE AS erwartet GDS immer einen Filenamen durch Öffnen eines neuen Textfensters zur Eingabe. SAVE hingegen speichert ohne Backup (!), falls ein gültiger Name vorliegt, ansonsten (z.B. <NONAME. GAL>) wird auch hier der Name erfragt. LOAD können Sie von beliebiger Stelle durch F3, SAVE durch F2 aufrufen.

Der Filename kann dabei ohne, mit relativem oder absolutem Pfad angegeben werden, GDS versucht in jedem Fall, den Zugriff auszuführen. Fehlermeldungen werden in einem Fehlerfenster ausgegeben.

Bitte beachten Sie, daß der komplette Filename am oberen Rand ausgegeben wird, einschließlich des Laufwerks und des Pfades. Der Platz für die Pfadangabe beträgt 44 Buchstaben, wobei '.gal' von GDS noch hinzugefügt werden kann, so daß insgesamt 48 Buchstaben zur Verfügung stehen.

Falls Sie eine Datei in den Editor laden wollen, so fragt GDS vor dem Laden ab, ob Sie den File im Editor speichern wollen, falls dort etwas geändert wurde. Diese Speicherung erfolgt, nach Ihrer Antwort mit <y>, mit dem bisherigen

Dateinamen (sofern gültig); daher sollten Sie mit <ESC> nutzen, falls der Dateiname von Ihnen zur Speicherung geändert werden soll, und über SAVE AS per Hand sichern.

Die nächsten Teile im FILE-Menü sind EDIT ALT-E und NEW. Um zu editieren, wählen Sie bitte im FILE-Menü EDIT ALT-E, und der Cursor erscheint an der Stelle im Editorfenster, wo er sich zuletzt befand (zu Beginn an der Position "0001:001"). Im Editor sind Sie immer im Insert-Modus, so daß Sie Text in jeder Zeile eingeben können, sofern die Gesamtlänge 132 Zeichen nicht überschreitet, und der Zeilenteil hinter dem Cursor wird im Editorfenster gescrollt, also nicht überschrieben.

Bei Überschreiten der 132 möglichen Zeichen pro Zeile wird – ausgenommen <RETURN> für neue Zeile – jede weitere Eingabe unterdrückt. Mittels der Tasten <BACKSPACE> und <DEL> können Sie Zeichen löschen. Falls der Cursor direkt am Zeilenanfang steht, wird durch <BACKSPACE> das vorhergehende <RETURN> gelöscht, und aus den zwei Zeilen wird eine, vorausgesetzt die Summe überschreitet nicht 132 Zeichen, ansonsten wird erneut geteilt. <CTRL> + <y> löscht die gesamte Zeile, in der der Cursor steht.

Mittels der <INSERT> Taste können Sie ein Leerzeichen an der Cursorposition einsetzen, <ALT> + <i>sowie <CTRL> + <n> erzeugen ein komplette Leerzeile in der momentanen Cursorzeile.

Generell können Sie den Cursor im Editor frei bewegen, allerdings nur eine Zeile über das momentane Dateiende hinaus. Den Anfang und das Ende einer Zeile erreichen Sie durch die <POS1>- bzw. <END>-Ta ste. Via <ESC> wird der Editor zum Hauptmenü hin verlassen.

Das NEW Kommando löscht den gesamten Editorinhalt, eventuell mit einer Abfrage der Sicherung, falls ungesicherte Neueingaben vorhanden waren.

Das SHOW ERRORS Kommando steht in engem Zusammenhang mit den Compilerläufen, da detektierte Fehler angezeigt werden sollen. Sind dem Erroreditor Fehler bekannt (durch NEW wird auch dieses Wissen gelöscht), startet automatisch ein besonderer Editormodus, in dem die Liste der Fehler unten angezeigt wird und jeweils eine Fehlermeldung sowie die zugehörige Zeile revers angezeigt werden.

Mittels OS SHELL können Sie vorübergehend in das DOS zurückkehren und dort beliebige Befehle ausführen, sofern keine Speicherplatzprobleme entstehen. Die Rückkehr in GDS geschieht über den DOS-Befehl EXIT.

Der letzte Menübefehl, EXIT ALT-F4, hat dieselbe Funktion wie EXIT. Durch <ALT> + <F4>, <ALT> + <x> oder diesen Menüteil verlassen Sie GDS, bei ungesicherten Editoreingaben begleitet durch eine Abfrage zum Speichern des Editorinhalts.

7.3.2 Das Menü COMPILE

Der nächste Schritt nach Editierung des Sourcecodes wird Compilierung bzw. Assemblierung sein. Sie erreichen diese Funktion durch <ALT>+<c> oder durch die Cursortasten und <RETURN>, wonach GDS die Auswahl CHECK ONLY, ASSEMBLE, ERRORLEVEL 0 und COMPLEX_MODE präsentiert (Abb. 7.3).

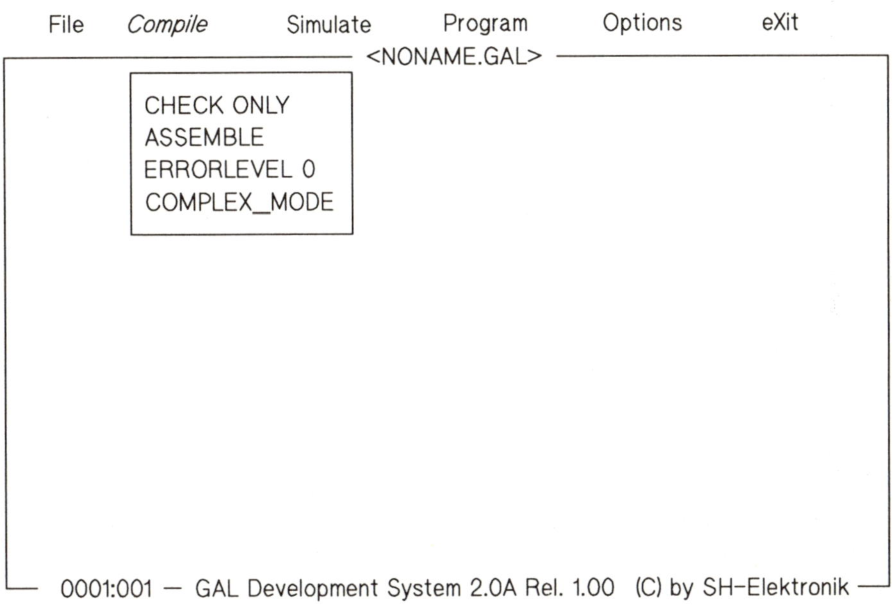

Abb. 7.3 Das Menü COMPILE

CHECK ONLY und ASSEMBLE unterscheiden sich lediglich in einem Teil: Durch ASSEMBLE wird nach erfolgreicher Compilierung (unter Berücksichtigung des Errorlevels) der JEDEC File generiert. CHECK ONLY zeigt lediglich einen Report in einem neuen Fenster an und kehrt zum Hauptmenü zurück.

Im fehler- und warnungsfreien Fall kehrt GDS nunmehr zum Hauptmenü zurück, falls Sie CHECK ONLY gewählt hatten, für ASSEMBLE wird der JEDEC-File in den Editor geschrieben. Sollten im Sourcecode noch ungesicherte Änderungen vorhanden sein, werden Sie natürlich nach Speicherung, eventuell unter Angabe eines Filenamens, gefragt.

Der generierte JEDEC-File wird im Editorfenster sichtbar, wobei GDS ihm den Namen des Sourcecodes mit der Extension '.jed' (oder, falls kein Name vorhanden war, <NONAME.JED>) gibt. Sie können jetzt noch Handänderungen vornehmen, z.B., um eine elektronische Signatur im GAL programmieren zu lassen. Bei Verlassen von GDS oder Laden eines anderen Files in den Editor wird GDS Sie immer nach Speicherung fragen, solange Sie dies nicht vorher bereits vorgenommen haben.

Sollte bei der Compilierung (oder CHECK ONLY) ein oder mehrere Fehler aufgetreten sein, so startet GDS den Erroreditor-Mode. Dies gilt ebenso für den Fall, wenn der Errorlevel auf 0 gesetzt ist und eine Warnung detektiert wurde. Sie können den Errorlevel sowohl im Setup ändern, als auch nur für diese GDS-Sitzung, indem Sie im COMPILE-Menü ERRORLEVEL x und dort den gewünschten Errorlevel (0 oder 1) auswählen.

Der letzte Punkt im Menü COMPLEX_MODE bezieht sich auf die verschiedenen Betriebsmodi der GALs 16V8 und 20V8. Die GAL16V8-Familie wurde zur Emulation möglichst vieler PAL-Typen der ersten und zweiten Generation entwickelt. Um dies zu realisieren, schufen die Design-Ingenieure ein Architekturbit AC0, das nur in dieser Familie vorhanden ist und im asynchronen Mode zwischen dem SIMPLE MODE (Betriebsmodus 1) und dem COMPLEX MODE (Betriebsmodus 2) umschaltet.

Die wesentlichen Unterschiede zwischen beiden Modi sind in Kapitel 5 ausführlich erläutert:

a) Im SIMPLE MODE stehen pro Ausgang 8 Produktterme, aber kein Tristate-Signal zur Verfügung, im COMPLEX MODE sind es 7 Produktterme und 1 Produktterm zur Freigabe des Tristate-Ausgangs.

b) Im SIMPLE MODE können die beiden inneren Output-Pins nicht als Input genutzt werden, im COMPLEX MODE die beiden äußeren.

Da für den Assembler nicht zu entscheiden ist, welcher der beiden asynchronen Modi gemeint ist, muß der Anwender diesen vorwählen. Dies kann durch die Vorwahl in OPTIONS geschehen (für den Initialsierungsfile), in COMPILE oder durch die Schlüsselwörter COMPLEX_MODE bzw. SIMPLE_MODE hinter dem GALtyp, die den Vorwahlwert jeweils überstimmen.

7.3.3 Das Menü SIMULATE

Das wohl wichtigste Unterscheidungsmerkmal von GDS V2.0A gegenüber früheren Versionen ist die Integration der Simulationssoftware in das GAL Development System. Dabei wurde eine Logik-, also keine Laufzeitsimulation gewählt, mit der der Anwender seine in den GAL-Assembler-Gleichungen beschriebene Programmierung am Bildschirm selbst testen kann, ohne den Baustein selbst programmieren zu müssen.

Eine solche Logiksimulation basiert entsprechend auf der Bool'schen Algebra. Synchrone Ausgänge nehmen dabei zunächst (bei entsprechendem CLK-Übergang) ihren Wert an, dann wird der neue Zustand eventuell in die Matrix rückgekoppelt und steht damit erst im nächsten Durchgang zur Verfügung. Das Simulationshauptmenü ist in Abb. 7.4 zu sehen.

```
File    Compile    Simulate    Program    Options    eXit
----------------------- <NONAME.GAL> -----------------------
                     START SIMULATION
                     GAL-BASED
                     GALTYPE:  16V8
                     AUTO-CLK  ON
                     AUTO-TEST  OFF
                     SAVE TESTFILE
                     CLEAR TESTFILE

-- 0001:001 -- GAL Development System 2.0A Rel. 1.00  (C) by SH-Elektronik --
```

Abb. 7.4 Das Menü SIMULATE

Die Simulation wird von mehreren Einstellungen gesteuert, die Sie im ersten Menü sehen. Sind Sie mit allen Voreinstellungen einverstanden, so brauchen Sie nur erneut <RETURN> zu drücken, die Simulation startet. Das neu eröffnete Fenster zeigt Ihnen, senkrecht stehend, die Namen der Pins (maximal 8 Buchstaben) einschließlich der internen Pins (hier SP und AR), dann die Pinnummer, darunter die erste Zeile der Simulation, numeriert mit 0. Der Cursor blinkt an der ersten Stelle in dieser Zeile, an der Sie Eingaben ändern können, also am ersten Eingabepin. Da dieses Fenster nach (verdeckter) Assemblierung geöffnet wird, sind die Namen der Pins, eventuelle NC-Pins, die von jeder Eingabe ausgeschlossen sind, sowie der GAL-Typ (oben rechts auf dem Fensterrand) dem Simulationsprogramm bekannt.

GAL-based / JED-based stellt die Informationsbasis für die Simulationssoftware ein. Normalerweise sollten Sie zunächst von dem GAL-Sourcecode ausgehen, da alle Informationen, die Pinnamen (auch NC!) und den GAL-Typ betreffend, nur in diesem zur Verfügung stehen. Liegt jedoch der GAL-Sourcecode nicht vor, weil Sie z.B. die Programmierung eines Bausteins ausgelesen haben, dann können Sie auch mittels des JEDEC-Codes den Baustein simulieren, unter Verzicht auf Pinnamen, indem Sie mittels eines einfachen Tastendrucks <RETURN> auf JED-based umschalten (und umgekehrt).

AUTO-CLK ON und AUTO-TEST OFF sind spezielle Schalterstellungen, die Ihnen die Simulation erleichtern sollen und zugleich die automatische Erstellung eines Files mit Testvektoren ermöglichen.

AUTO-CLK bestimmt für alle GALs mit Ausnahme des GAL20RA10 (dieser hat keinen vorbestimmten CLK-Pin), ob bei jeder neuen Simulationszeile der Pegel am eventuell vorhandenen CLK-Pin umgekehrt wird (= ON) oder nicht(= OFF), wobei im jedem Fall die Ausgangsregister nur dann einen neuen Wert annehmen, wenn am CLK-Pin eine positive Flanke (Low-High-Übergang) vorliegt!

AUTO-CLK ON läßt zugleich am CLK-Pin keine Handeingaben mehr zu, da dieser Pin nunmehr "automatisch" belegt ist.

AUTO-TEST schaltet das automatische Mitschreiben der Simulationseingaben und -ergebnisse in den Testvektorenfile ein bzw. aus. Sie sollten daher bei AUTO-TEST ON die Simulationseingaben an den von Ihnen gewünschten Hardware-Tests des Bausteins orientieren. Diese Hardwaretests bestehen aus dem Anlegen der Pegel an Eingangspins und der Messung der Wirkung sowie dem Vergleich mit den theoretischen Vorgaben; sie stellen also statische Tests dar, so daß ein dynamisches Verhalten, also die Übernahme in Ausgangsregister durch Low-High-Übergänge am CLK-Pin simuliert werden müssen.

Aus diesem Grund ist es in GDS V2.0 nicht möglich, AUTO-TEST und AUTO-CLK gleichzeitig einzuschalten, dies wird intern gesperrt. Sie sind als Nutzer an dieser Stelle gefragt, das Verhalten des GALs genau zu definieren. Die maximale Länge eines Testfiles ist in GDS V2.0 auf 100 Testvektoren beschränkt, bei Überschreiten schaltet GDS automatisch die Option AUTO-TEST auf OFF.

Mit SAVE TESTFILE können Sie die bisherigen Testvektoren auf einen Datenträger, also z.B. die Festplatte, speichern. Sie werden immer zur Eingabe eines Filenamens aufgefordert, den Sie mit oder ohne Extension (Defaultwert: .TST) eingeben können. SAVE TESTFILE löscht die bisherigen Eingaben nicht, dies muß durch CLEAR TESTFILE gesondert geschehen.

7.3.4 Das Menü PROGRAM

Die Programmierung eines GALs bedeutet das Setzen oder Rücksetzen der elektronischen Sicherungen in dem GAL. Dazu wird der Edit-Mode des GALs durch Anlegen der erhöhten Spannung an einem speziellen Pin erreicht, der GAL komplett gelöscht, die jeweilige Sicherungszeile in den GAL geschrieben und erneut programmiert.

GDS V2.0A unterstützt direkt den GDS-Prog 11/92, dessen Bedienung direkt im PROGRAM-Menü integriert ist. Andere Programmiergeräte können Sie einbinden, indem Sie die mitgelieferte Programmiersoftware aus GDS heraus aufrufen. Die Auswahl des Programmertyps und die eventuelle Eingabe der Softwareaufrufe wird unter OPTIONS besprochen.

Ihre Aktionen für den GDS-Prog beschränken sich damit auf den Programmeranschluß an LPT1 oder einen vergleichbaren Port, Einstecken der Stromversorgung, Einstellen der korrekten Portnummer via OPTION und die richtige Auswahl des zu programmierenden GAL-Typs.

GDS Version 2.0A unterstützt die Programmierung der GALs

GAL 16V8
GAL 16V8A
GAL 20V8
GAL 20V8A
GAL 18V10
GAL 22V10
GAL 26CV12
GAL 20RA10,

während der GAL 16Z8 zur Zeit nur im Assembler bekannt ist.

Bitte beachten Sie ferner, daß die Paare GAL 16V8/16V8A und 20V8/20V8A sich nicht im Assembler, wohl aber beim Programmieren unterscheiden. Eine Programmierung mit dem falschen Typ (16V8 statt 16V8A) kann zwar nichts zerstören, aber der GAL erreicht nicht die gewünschte Funktionalität im Betrieb. Abb. 7.5 zeigt das Menü PROGRAM.

```
File    Compile    Simulate    Program    Options    eXit
----------------------- <NONAME.GAL> -----------------------
                                 GALTYPE:  22V10
                                 READ GAL
                                 VERIFY GAL
                                 PROGRAM GAL
                                 CLEAR GAL
                                 SECURITY FUSE
                                 JEDEC LOAD

--- 0001:001 – GAL Development System 2.0A Rel. 1.00  (C) by SH-Elektronik ---
```

Abb. 7.5 Das Menü PROGRAM

Die Bedienung ist sehr einfach. GDS bittet Sie um Einsetzen des Bausteins und Starten des Programmierens durch <ENTER> oder Abbruch durch <ESC>.

Das Einsetzen aller GALs geschieht direkt in den 28-Pin-Sockel, wobei Sie bitte darauf achten, daß die Bausteine "unten" anliegen. Zur Programmierung muß der jeweilige Adapter in den 48poligen Nullkraftsockel eingesetzt sein, bitte achten Sie auch hier auf die richtige Orientierung.
Durch <ENTER> wird nunmehr programmiert mit anschließendem Verify.

Beim Programmieren wird bei den GALs der 16V8-Familie sowie beim GAL 22V10 die PES (Programmers Electronic Signature) ausgelesen, deren Auswertung am Bildschirm angegeben wird. Die Programmierung eines unbekannten GALs wird mit einem entsprechenden Hinweis am Bildschirm abgebrochen.

Zum Auslesen eines GALs wählen Sie bitte READ GAL und folgen dem Fenster am Bildschirm. Als Resultat wird der ausgelesene Inhalt als JEDEC-File im Editor präsentiert (als <NONAME.JED>).

VERIFY GAL vergleicht den Inhalt des GALs mit dem des JEDEC-Files im Editor. Ein Verify ist implizit in jedem Programmiervorgang integriert.

CLEAR GAL löscht den GAL im Programmer komplett; die MES bleibt erhalten.

Der letzte Spezialteil in diesem Menü ist SECURITY FUSE. Wenn Sie vermeiden wollen, daß später jemand Ihren GAL auslesen (und damit kopieren) kann, können Sie dies durch Setzen der Security Fuse verhindern. Anschließend ist kein Lesen oder Verify mehr möglich, der GAL funktioniert aber perfekt. Ein Zurücksetzen der Security Fuse ist nur durch komplettes Löschen des GALs möglich, so daß dann für ein Nachprogrammieren der Source- oder JEDEC-Code zur Verfügung sein muß.

Sie können die Security Fuse auch immer durch den Programmiervorgang setzen lassen, wenn Sie im JEDEC-File ein Bit per Hand sezten. In der ersten Zeile steht nach der Assemblierung immer '*G0'; ändern Sie dies zu '*G1', und nun wird für diesen JEDEC-Code die Security Fuse immer nach Programmieren und Verify gesetzt.

Haben Sie in OPTIONS einen anderen Programmer ("OTHERS") ausgewählt, so bietet Ihnen GDS bei PROGRAM ein anderes Menü an, aus dem heraus Sie ein Programm zur Programmersteuerung aufrufen können. Die Auswahl können Sie aus bis zu fünf verschiedenen, von Ihnen vorbestimmten Programmen treffen; PROGRAM zeigt Ihnen die letzten 21 Buchstaben an, wie Sie sin in OPTIONS gewählt haben.

Nach Betätigen der <RETURN>-Taste wird der Bildschirm gelöscht und das entsprechende Programm – falls es im Pfad gefunden wird – ausgeführt. Wird dieses Programm ordnungsgemäß beendet, so kehren Sie in GDS an dieselbe Stelle zurück.

Wird das Programm nicht ausgeführt, so kann dies daran liegen, daß entweder der Pfad nicht korrekt angegeben war oder das Programm nicht im DOS-Pfad lag, oder es liegt ein Speicherplatzmangel vor. Bitte beachten Sie, daß die korrekte Ausführung nicht von GDS kontrolliert werden kann, da die Programmkontrolle komplett an dieses externe Programm abgegeben werden muß.

7.3.5 Das Menü OPTIONS

GDS wurde so konstruiert, daß es nach einmaliger Installation perfekt auf Ihrem Computer arbeitet. Es gibt daneben fünf Parameter, die Sie während Ihrer Arbeiten varieren können, z.B. in verschiedene n Arbeitsdirectories, und diese Parameter können in jedem Directory als Initialisierungsfile hinterlegt werden. Dieser Initialisierungfile heißt 'GDSV20.INI'. Sollte er beim Start von GDS nicht im Arbeitsdirectory vorhanden sein, wählt GDS Defaultwerte aus.

Die Parameter sind:
- Default GAL-Typ zur Programmierung
- Aktuelle Portangabe für den Programmer oder Liste der externen Programme
- Programmer-Typ
- Default Errorlevel
- Default Mode für die GAL 16V8-Familie

Beim Verlassen von GDS werden alle Werte in dem Directory gespeichert, aus dem heraus GDS gestartet wurde. Eine Ausnahme bietet die Funktion SAVE OPTIONS, die im momentanen Verzeichnis, das beim Laden der Files verändert werden kann, die aktuellen Initialisierungswerte speichert. Abb. 7.6 zeigt das Menü OPTIONS.

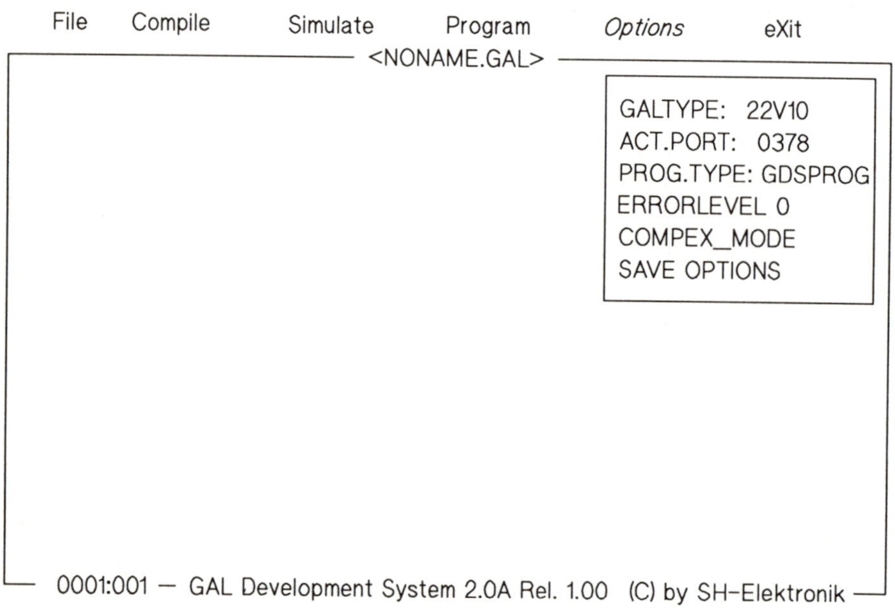

Abb. 7.6 Das Menü OPTIONS

Die normale Verwendungsweise von GDS wird Laden und Editieren eines Files, anschließendes Assemblieren und dann Programmieren des vorgesehenen GAL-Typs sein. Hierfür benötigen Sie keine Einstellung eines Default-Typs, denn durch die Assemblierung ist der gewünschte GAL-Typ automatisch richtig im Programmieren gewählt. Sie können den Defaultwert für den GAL-Typ zur Programmierung auf jeden GAL-Typ, den GDS kennt, setzen. Ohne Ihre Aktion ist GAL 16V8A durch GDS gesetzt.

Mit ACT.PORT können Sie die Adresse des Druckerports auf einen anderen Wert setzen. Hier müssen Sie aber sehr sorgfältig vorgehen, denn eine falsche Adresse, z.B. die des Harddisk-Controllers, kann unübersehbaren Schaden anrichten!

Bei Benutzung eines anderen Programmiergeräts können Sie bis zu fünf verschiedene Programme eintragen, die dann unter PROGRAM aufrufbar sind. Pro Programmnamen sind insgesamt 47 Zeichen zulässig, 21 werden in der Auswahlliste angezeigt. Sie können die Programmnamen mit oder ohne Pfadangaben versehen, ebenso sind Spaces und damit Optionsübergaben erlaubt. GDS läßt diese Programme durch DOS aufrufen, so daß ein Programm, das über die DOS-Variable PATH erreichbar ist, auch gefunden wird.

Zur Assemblierung Ihres Sourcecodes wird durch den ERRORLEVEL bestimmt, ob bei Auftreten von Warnungen der JEDEC-File kreiert wird oder nicht. Für GDS V2.0A sind zwei Errorlevel möglich:

Level 0	für Warnungen und Fehler zur Unterdrückung des JEDEC-Files (default)
Level 1	für Fehler zur Unterdrückung des JEDEC-Files

Unterdrückung des JEDEC-Files bedeutet, daß nach Assemblierung kein JEDEC-File in den Editor geschrieben wird, sondern der Erroreditor gestartet wird.

Es wurde bereits erwähnt, daß für die GAL 16V8-Familie zwei verschiedene Modi im asynchronen Betrieb der GALs existieren: SIPLE MODE und COMPLEX MODE. Die Grundeinstellung hierzu wählen Sie ebenfalls im Menü OPTIONS.

7.3.6 Einführung in die GAL-Assembler-Syntax

Die vorigen Kapitel zeigten Ihnen die Benutzung von GDS, speziell die Sequenz EDITOR – COMPILE – PROGRAM. Was bleibt ist eine Einführung in die GAL-Assembler Syntax GALASM, die Beschreibungssprache der Schaltung für GDS.

GALASM lehnt sich sehr an PALASM2 an; so werden z.B. folgende Keywords benutzt:

CHIP	Beginn des Sourcecodes
SIMPLE_MODE	Simple Mode für GAL16V8-Famlie
COMPLEX_MODE	Complex Mode für GAL16V8-Famlie
GND	Groundpin des GALs
VCC	+5V-Pin des GALs
/OE	Output-enable Pin
CLK	Spezieller Clockinput
NC	Pin ist nicht belegt
.TRST	Endung für Tristate Definition
.CLCK	Endung für Clock Definition
.ARST	Endung für Asynch. Reset Definition
.APRST	Endung für Asynch. Preset Definition
MODE	Spezialpins für GAL16Z8, die der
SDIN	In-System-Programming des GALs
SDOUT	dienen
SCLK	
AR	Asynchronous Reset (intern für 18V10, 22V10 und 26CV12)
SP	Synchronous Preset (wie AR)
=	Kombinatorische Outputdefinition
:=	Register-Outputdefinition
+	'or'-link
*	'and'-link

Bitte beachten Sie, daß die Keywords in Großbuchstaben geschrieben werden müssen.

Die GALASM-Syntax folgt generell folgenden Regeln:

1. Zu Beginn des Files können Sie einen beliebigen Text eingeben, solange Sie das Keyword 'CHIP' (in Großbuchstaben) zu Beginn einer Zeile (!) fortlassen. Dieser Textbereich sollte in jedem Fall zur Erklärung des folgenden Sourcecodes und zur generellen Kommentierung genutzt werden.

2. Das Keyword 'CHIP' zum Zeilenbeginn deklariert den Beginn des eigentlichen Sourcecodes. Zwingend muß danach ein Wort als freier Name für den GAL

folgen, anschließend ein zweites zur Deklaration des GAL-Typs. Die einzelnen Wörter können durch <SPACE> oder <TAB> getrennt werden. Folgende GALs werden unterstützt:

GAL16V8	GAL16V8A
GAL20V8	GAL20V8A
GAL16Z8	
GAL18V10	
GAL22V10	
GAL26CV12	
GAL20RA10	

Bitte beachten Sie, daß zwischen GAL16V8 und 16V8A sowie GAL20V8 und 20V8A keine Unterschiede in der internen Struktur bestehen, sofern dies für die Erstellung des Sourcecodes wichtig wäre. Die Unterschiede liegen im Bereich der Programmierung, daher sollte die Deklaration daraufhin bereits sorgfältig vorgenommen werden. Optional kann nach der Deklaration des GAL-Typs der asynchrone Mode für Mitglieder der GAL16V8-Familie durch die Schlüsselwörter SIMPLE_MODE oder COMPLEX_MODE angegeben werden. Diese Angabe hat für die übrigen GALs keine Relevanz.

3. Nach der Deklaration des GAL-Typs erwartet der Assembler die Liste der Pinnamen (getrennt durch <SPACE>, <TAB> oder <KOMMA>) für diesen GAL. Die Länge dieser Liste muß natürlich in Übereinstimmung mit der Anzahl der Pins stehen, GND und VCC werden auf die korrekte Stellung geprüft.

Die Wahl der Pinnamen liegt bei Nutzer, wobei die ersten 14 Zeichen charakteristisch für den Pin sind. Selbstverständlich müssen alle Namen unterschiedlich sein mit der Ausnahme von 'NC', der lediglich ein Platzhalter für 'Not Connected' darstellt. Die Keywords sind ebenfalls von der Benutzung als normale Pinnamen ausgeschlossen. Weiterhin werden die internen Namen AR und SP für die Mitglieder der GAL22V10-Familie (18V10, 22V10 und 26CV12) automatisch durch GDS deklariert, so daß eine manuelle Deklaration nicht erfolgen darf. In den Logikgleichungen dürfen Sie diese Pinnamen ohne Probleme benutzen.

4. Nach den Deklarationen für GAL-Typ und Pinnamen folgen die Logikgleichungen, die immer den Aufbauregeln

<OUTPUTPIN> = funk(<INPUTPINs>) [; <KOMMENTAR>]

oder

<OUTPUTPIN> := funk(<INPUTPINs>) [; <KOMMENTAR>]

folgen.

Semikolon und <KOMMENTAR> sind hierbei optional. <OUTPUTPIN> muß ein Pin aus der Pinliste sein, wobei natürlich an der entsprechenden Stelle der gewählte GAL-Typ ebenfalls einen Ausgang zuläßt, während nahezu alle Pins als Inputs zugelassen sind (Ausnahmen natürlich GND, VCC, NC, /OE, /PL und CLK (für GAL 16V8/16V8A, 20V8/ 20V8A, 16Z8 und 20RA10), sowie die GAL16Z8-Spezialpins MODE, SDIN, SDOUT und SCLK). Nicht als Eingang erlaubte Pins werden vom Assembler entdeckt und beanstandet.

funk(<INPUTPINs>) stellt eine Kombination der Inputpins mit dem Invert-Zeichen (/), dem AND-Zeichen (*) und dem OR-Zeichen (+) dar. Die Reihenfolge der Prioritäten ist '/' vor '*' und '+', die Anzahl der möglichen OR-Verknüpfungen ist durch die jeweilige GAL-Architektur beschränkt, so daß ein Überschreiten ebenfalls eine Fehlermeldung generiert.

Die Benutzung von '=' oder ':=' definiert den jeweiligen Outputpin als kombinatorisch (oder asynchron) bzw. registered (oder synchron); synchron bedeutet hier die Synchronisation der Outputleveländerung auf die nächste positive Flanke an dem zuständigen CLOCK-Pin. Diese Benutzung ist bei den GALs 18V10, 22V10, 26CV12 und 20RA10 freigestellt, bei 16V8, 16V8A, 20V8, 20V8A und 16Z8 muß für ':=' der GAL als synchron durch die Deklarationen CLK an Pin 1 und /OE an Pin 11/13 definiert sein. Nur eine dieser Deklarationen generiert eine Warnungsmeldung, der GAL bleibt im asynchronen Mode. Im synchronen Mode sind '=' und ':=' erlaubt.

Die Benutzung der Invertierungszeichen '/' muß sorgfältig geschehen, da dies sowohl in der Pinliste als auch in den Logikgleichungen erlaubt ist. Die Deklaration eines Pins mit dem Slash und die anschließende Benutzung als Input- oder Outputpin ohne Slash hat dieselbe Bedeutung als umgekehrt: Die Einkopplung in die Sicherungsmatrix bzw. der Outputlevel ist im Vergleich zum Inputlevel invertiert. Interessant wird nur die Frage, wie ein solcher Output wieder in die Matrix rückgekoppelt ist. Hier ist Aufmerksamkeit geboten:

Ist die Deklaration des Outputpins mit Slash, die Definition ohne, dann ist der Outputlevel gegenüber dem Resultat aus den logischen Gleichungen invertiert. Bei Benutzung dieses Pins als Input mit Slash (durch Rückkopplung in die Matrix) wird dieser Input nicht invertiert, da Deklaration und Benutzung übereinstimmen, und der Input hat denselben physikalischen Level als der Output.

Im umgekehrten Fall, also bei Deklaration ohne und Definition mit Slash, entsteht für den Outputlevel kein Unterschied, aber als Input mit Slash wird der Level nunmehr invertiert, da sich im Vergleich Deklaration und Nutzung unterscheiden.

Als Ergänzung zu den Definitionen der Outputpins muß für die asynchronen Outputs der GAL16V8-Familie (nur im COMPLEX MODE) sowie für alle der GAL22V10-Familie sowie den GAL20RA10 genau eine Tristatebedingung angegeben werden, die festlegt, unter welchen Bedingungen der physikalische Level an dem Pin auch angenommen wird. In den meisten Fällen wird dies implizit immer der Fall sein, die Ausgangstreiber also nie abgeschaltet werden. GDS generiert dann dies automatisch als immer wahr, wenn keine explizite Tristategleichung angegeben wird. Diese Tristatebedingung hat die Form

<OUTPUTPIN>.TRST = funk(<INPUTPINS>) [; <COMMENT>],

wobei '.TRST' in Großbuchstaben zu schreiben ist. Wichtig ist ferner, daß <OUTPUT-PIN> bereits vorher definiert war, ansonsten generiert GDS eine Fehlermeldung, außerdem ist nur eine Tristatebedingung pro Outputpin möglich.

Für die GALs 16V8/16V8A, 20V8/20V8A und 16Z8 wird die Tristatebedingung bei synchronen Outputs immer durch den Pin '/OE' (Pin 11/13) bestimmt, daher ist keine explizite Tristatebedingung möglich. Im SIMPLE_MODE dieser Bausteine ist generell keine Tristate-Steuerung vorgesehen.

Der GAL20RA10 nimmt eine gewisse Sonderstellung ein, da hier weitere Zusatzbedingungen für die Pins definiert werden können und z.T. müssen.

Für jeden synchronen Output am GAL20RA10 muß die Taktbedingung explizit definiert werden. Dies geschieht in der Form

<OUTPUTPIN>.CLCK = funk(<INPUTPINS>) [; <COMMENT>],

die also mit der Tristatebedingung in der Syntax übereinstimmt. Bei Unterlassen dieser Definition erzeugt GDS eine Fehlermeldung.

Optional können für synchrone Ausgänge noch die Bedingung für asynchronen Reset und Preset einzeln (bei GAL22V10-Familie nur Asynchroner Reset und Synchroner Preset für alle synchronen Ausgänge gemeinsam, interne Pins AR und SP) definiert werden. Die Syntax lautet

<OUTPUTPIN>.ARST = funk(<INPUTPINS>) [; <COMMENT>] bzw.
<OUTPUTPIN>.APRST = funk(<INPUTPINS>) [; <COMMENT>],

also wiederum identisch.

7.4 Beispiele

Beispiel 1:
Als einführendes Beispiel sollen im GAL16V8 die Grundoperationen Und, Oder, Nand, Nor, Exor und Ex-Nor nach Abb. 7.7. realisiert werden. Für die 6 Gatterfunktionen werden 12 Eingänge und sechs kombinatorische Ausgänge benötigt. Zwei der acht Ausgangszellen müssen dabei als Eingang definiert werden, da das GAL nur 10 Eingänge aufweist. Das GAL ist in diesem Beispiel in Betriebsmodus 1 (SIMPLE_MODE) aktiv.

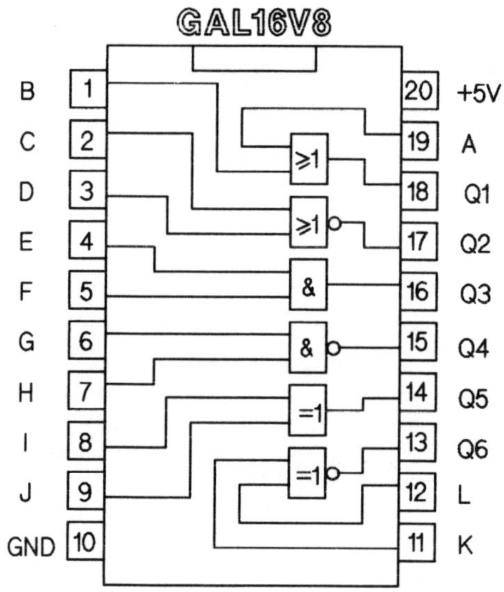

Abb. 7.7 Pinbelegung des GAL16V8 für Beispiel 1

Schließlich ergibt sich für die GDS-Software folgende Eingabedatei:

```
CHIP   BEISPIEL1   GAL16V8   SIMPLE_MODE
B      C      D      E      F      G      H      I      J      GND
K      L      Q6     Q5     Q4     Q3     Q2     Q1     A      VCC
Q1     =      A + B ; ODER
/Q2    =      C + D; NOR
Q3     =      E * F; UND
/Q4    =      G * H; NAND
Q5     =      I * /J
       +      /I * J; EXOR
/Q6    =      K * /L
       +      /K * L; EX-NOR
```

Beispiel 2:
Abb. 7.8 zeigt eine Logikschaltung mit Tristate-Ausgängen. Die Ausgänge Q1 und Q2 können, abhängig vom logischen Zustand des Steuersignals, in den hochohmigen Zustand versetzt werden. Das Signal A bewirkt die Freigabe des Ausgangs Q1, während das Freigabesignal des Ausgangs Q2 das Ergebnis der Undverknüpfung der Signale E, F, G, und H darstellt. Der Ausgang Q3 ist ständig aktiv, da das Freigabesignal auf High-Pegel gelegt wird.

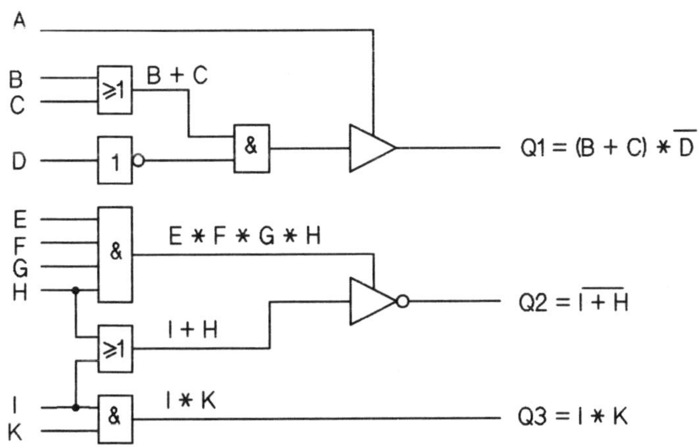

Abb. 7.8 Logikschaltung mit Tristate-Ausgängen

Die Eingabedatei lautet:

```
CHIP    BEISPIEL2   GAL16V8   COMPLEX_MODE

A    B    C    D    E    F    G    H    I    GND
K    NC   NC   NC   NC   NC   Q3   Q2   Q1   VCC
Q3   =    I * K
/Q2  =    I + H
Q2.TRST   =    E * F * G * H;    Freigabebedingung
Q1   =    B * /D
     +    C * /D
Q1.TRST   =    A;                Freigabebedingung
```

Beispiel 3:

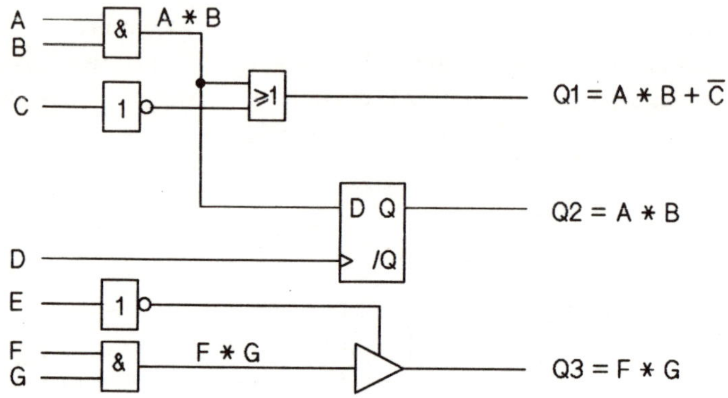

Abb. 7.9 Logikschaltung für Beispiel 3

Als letztes Beispiel folgt die Schaltung in Abb. 7.9, in der Register- und Tristate-Ausgänge verwendet werden. Aus diesem Grund kann das GAL nur in Betriebsmodus 3 eingesetzt werden. Die Schaltung in Abb. 7.9 führt zur folgenden Eingabedatei:

```
CHIP     BEISPIEL3   GAL16V8   COMPLEX_MODE

CLK   A    B    C    E    F    G    NC   NC   GND
/OE   NC   NC   NC   NC   NC   Q1   Q2   Q3   VCC

Q1    =    A * B
      +    /C

Q2    :=   A * B

Q3    =    F * G
Q3.TRST    =    /E
```

8 Praktische Anwendungen

In den folgenden Abschnitten werden digitale Schaltungen vorgestellt, die den praktischen Einsatz der GALs demonstrieren. Anhand von vier Beispielen wird gezeigt, daß der Entwurf einer Logikschaltung mit GAL-Bausteinen erheblich einfacher durchzuführen ist, als mit Standard-Logik-ICs. Die hohe Flexibilität der GALs zeigt sich dadurch, daß in allen Beispielen das GAL16V8 eingesetzt wird, obwohl die Schaltungen sich bezüglich der Struktur der Ausgänge und Anzahl der Eingänge unterscheiden. Alle Beispiele beinhalten die Eingabedatei, die die Eingabedaten der zur realisierenden Logikschaltung enthält. Zur Programmierung der GAL-Bausteine stand dem Autor ein Programmiergerät mit einer leistungsfähigen Software (vgl. Kapitel 7) zur Verfügung. Für das Programmiergerät und die Software findet sich eine Bezugsquelle im Anhang.

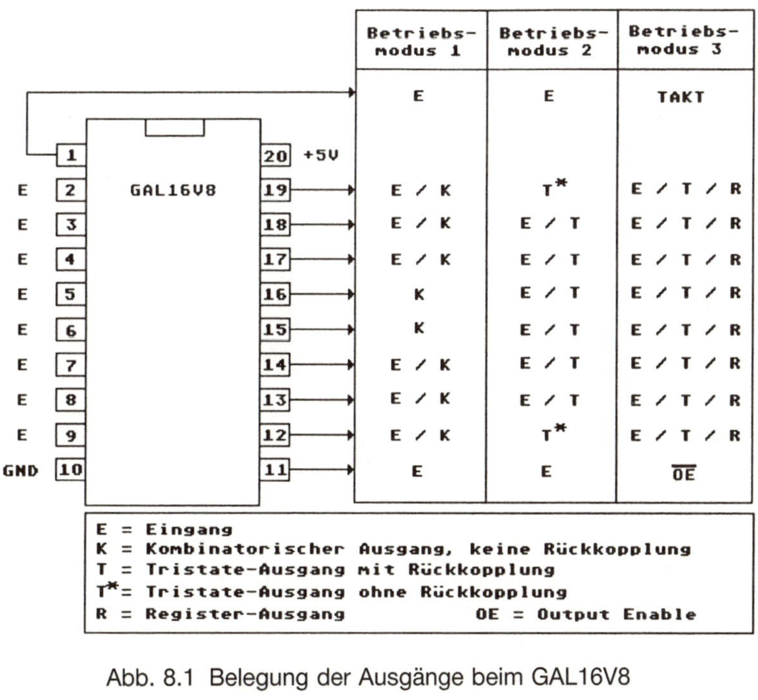

Abb. 8.1 Belegung der Ausgänge beim GAL16V8

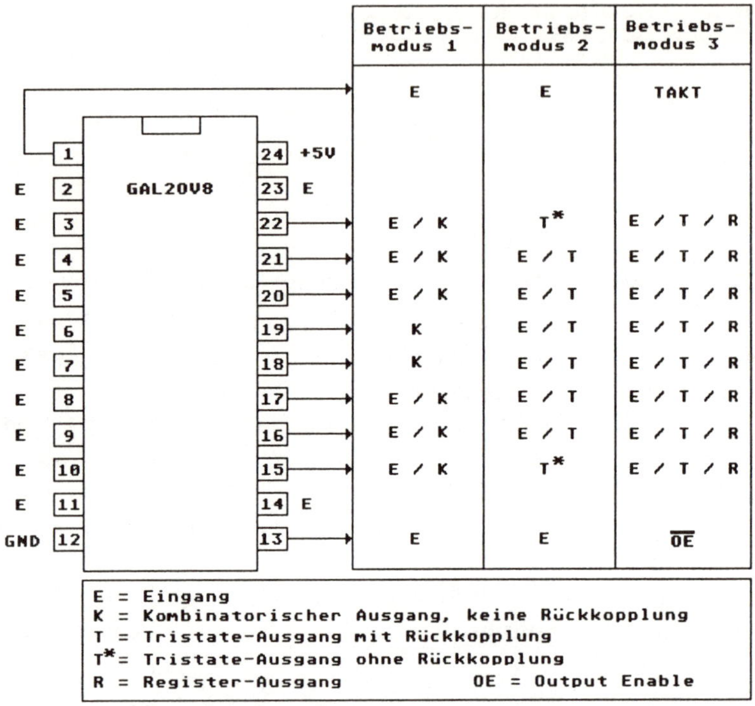

Abb. 8.2 Belegung der Ausgänge beim GAL20V8

Vorab werden nochmals die einzelnen Betriebsarten der GALs in Erinnerung gerufen. Die *Abb. 8.1* und *8.2* zeigen die Pinbelegung der beiden Standardtypen GAL16V8 und GAL20V8 für alle drei Betriebsmodi. Daraus geht hervor, welche Ausgangsstruktur der Anwender in den einzelnen Betriebsmodi wählen kann.

8.1 Hexadezimal Siebensegmentdecoder

In Mikrocomputersystemen ist es häufig notwendig, Daten auf einem Display in hexadezimalem Format (0 bis 9, A bis F) darzustellen. Da für diese Funktion trotz der großen Anzahl an Logik-ICs noch keine Treiber verfügbar sind, bietet sich der Einsatz eines GALs an. Im folgenden Beispiel decodiert das GAL16V8 den hexadezimalen Wert eines 4-Bit-Datenwortes (D0 bis D3) in den 7-Segmentcode, um die gleichnamige Anzeige zu treiben. Die Beschaltung des

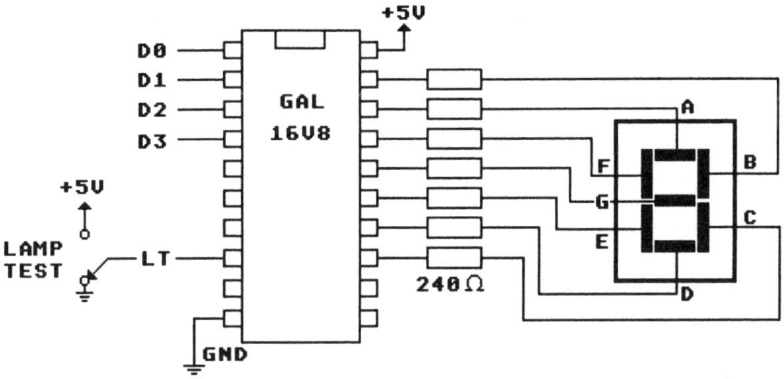

Abb. 8.3 GAL16V8 als Hexadezimal Siebensegmentdecoder

Wahrheitstabelle

Hex	LT	D3	D2	D1	D0	Segmente
0	0	0	0	0	0	ABCDEF
1	0	0	0	0	1	BC
2	0	0	0	1	0	ABDEG
3	0	0	0	1	1	ABCDG
4	0	0	1	0	0	BCFG
5	0	0	1	0	1	ACDFG
6	0	0	1	1	0	ACDEFG
7	0	0	1	1	1	ABC
8	0	1	0	0	0	ABCDEFG
9	0	1	0	0	1	ABCDFG
A	0	1	0	1	0	ABCEFG
B	0	1	0	1	1	CDEFG
C	0	1	1	0	0	ADEF
D	0	1	1	0	1	BCDEG
E	0	1	1	1	0	ADEFG
F	0	1	1	1	1	AEFG
	1	X	X	X	X	ABCDEFG

Zeichensatz

Abb. 8.4 Wahrheitstabelle des Decoders

GALs sowie die Wahrheitstabelle des Decoders zeigen die *Abb. 8.3* und *8.4*. Das Signal LT (Lamp Test) bietet die Möglichkeit, unabhängig vom Zustand der Eingänge D0 bis D3, alle Segmente der Anzeige zu aktivieren. Dazu muß an LT ein High-Pegel anliegen.

Bei der Eingabe der Logikfunktionen muß beachtet werden, daß hier alle kombinatorischen Ausgänge aktiv Low sind, d. h. ein Segment wird nur aktiviert, falls der entsprechende Ausgang Low-Pegel führt.

Bei der Erstellung der Eingabedatei muß der Anwender neben den Logikgleichungen auch die Struktur der Ausgänge angeben. In diesem Beispiel werden zur Ansteuerung der Segmente A bis G kombinatorische Ausgänge (Betriebsmodus 1) verwendet.

Die Logikgleichungen der Ausgangsvariablen erhält man aus der Wahrheitstabelle durch Bildung der disjunktiven Normalform oder mit Hilfe des Karnaugh-Diagramms (vgl. Kapitel 4). Die Eingabedatei des Hexadezimal-Siebensegmentdecoders lautet wie folgt:

```
CHIP        HEXDEC        GAL16V8        SIMPLE_MODE

D0   D1   D2   D3   NC   NC   NC   LT   NC   GND
NC   NC   C    D    E    G    F    A    B    VCC


/C = D0 * /D3
   + /D1 * /D3
   + D0 * /D1
   + D2 * /D3
   + /D2 * /D3
   + LT

/D = D1 * /D2 * /D3
   + /D0 * /D2 * /D3
   + D0 * D1 * /D2
   + D0 * /D1 * D2
   + D0 * D1 * D2
   + /D1 * D3
   + LT

/E = /D0 * D1
   + /D0 * /D2
   + D1 * D3
   + D2 * D3
   + LT

/G = /D1 * D2 * /D3
   + D1 * /D2
   + /D0 * D1
   + /D2 * D3
   + D0 * D3
   + LT
```

```
/F = /D1 * D2 * /D3
   + /D0 * D2
   + /D0 * /D1
   + /D2 * D3
   + D1 * D3
   + LT

/A = D0 * D2 * /D3
   + /D1 * /D2 * D3
   + D1 * /D3
   + /D0 * /D2
   + D1 * D2
   + /D0 * D3
   + LT

/B = D0 * D1 * /D3
   + /D0 * /D1 * /D3
   + D0 * /D1 * D3
   + /D2 * /D3
   + /D0 * /D2
   + LT
```

Die entsprechende Logikmatrix des GAL16V8 ist in *Abb. 8.5* dargestellt. Daraus ist ersichtlich, welche Sicherungen gelöscht wurden und welche intakt sind. Die Kreuze kennzeichnen dabei die Stellen, bei denen eine Verbindung zwischen Reihe und Spalte hergestellt ist.

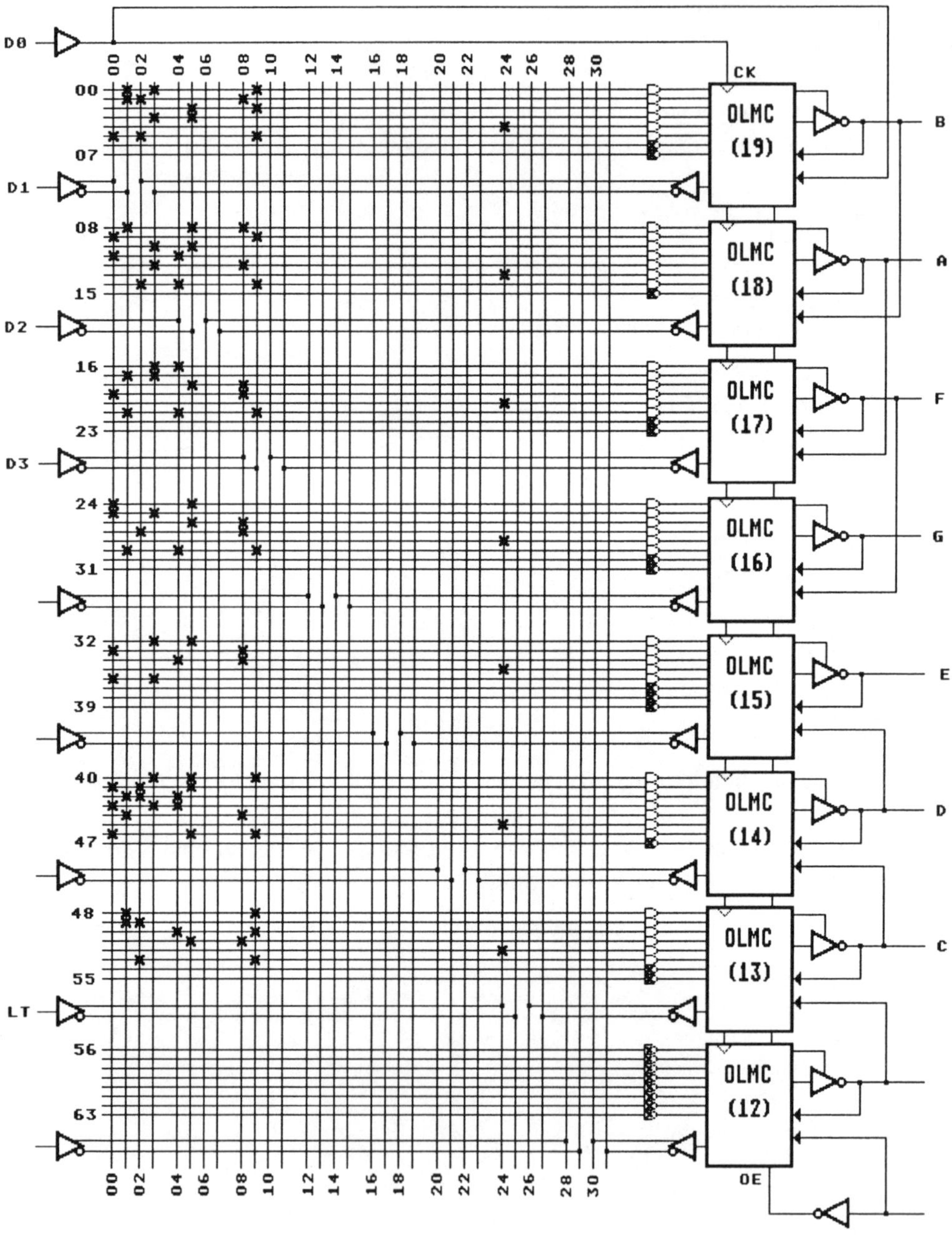

Abb. 8.5 Logikmatrix des GAL16V8 als Hexadezimal Siebensegmentdecoder

8.2 Reaktionstester

Die hier vorgestellte Schaltung eines Reaktionstesters (*Abb. 8.6*) ist als Gesellschaftsspiel gut geeignet. Fünf Spieler erhalten jeweils einen Taster, den sie auf ein bestimmtes Signal hin (akustisch oder optisch) betätigen müssen. Der Spieler, der zuerst reagiert, wird durch eine LED gekennzeichnet, während die Tasten der anderen Spieler gleichzeitig blockiert werden.

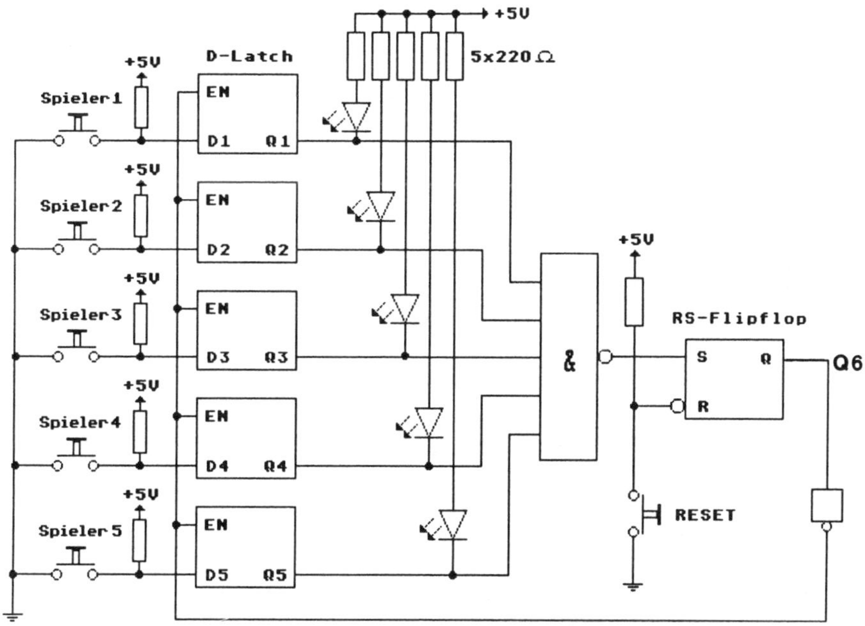

Abb. 8.6 Schaltbild des Reaktionstesters

Beschreibung der Schaltung aus Abb. 8.6: Im Grundzustand liegen die Dateneingänge D1 bis D5 der D-Latches über einen Pull-up-Widerstand auf High. Nach Betätigen der Reset-Taste wird das RS-Flipflop zurückgesetzt (Q6 = 0), so daß der EN-Eingang der D-Latches auf High liegt. Dies hat zur Folge, daß die Daten aller D-Latches an die Ausgänge weitergegeben werden und somit keine LED aufleuchtet. Das nachfolgende Nand-Gatter bleibt ohne Wirkung auf das RS-Flipflop, da der Ausgang des Nand-Gatters Low-Pegel aufweist. Sobald ein Spieler seine Taste betätigt, geht der entsprechende Ausgang des D-Latches auf Low. Dies bewirkt zweierlei: Zum einen wird die an diesem Ausgang liegende LED aktiviert und zum anderen wechselt der Ausgang des Nand-Gatters von 0 auf 1. Daraufhin wird das RS-Flipflop gesetzt (Q6 = 1), wodurch die Dateneingänge der D-Latches über EN = 0 gesperrt werden. Eine nachträgliche Pegeländerung an den anderen Eingängen bleibt nun wirkungslos.

Bei der Realisierung des Reaktionstesters mit einem GAL muß beachtet werden, daß ein D-Latch und ein RS-Flipflop rückgekoppelte Ausgänge aufweisen. Damit kann die Schaltung nicht in Betriebsmodus 1 (kombinatorischer Ausgang) realisiert werden, da hier keine Rückkopplung der Ausgangssignale vorgesehen ist. Die Ausgänge müssen deshalb als Tristate-Ausgänge definiert werden, deren Freigabesignal den Tristate-Ausgang ständig durchschaltet. Es folgt nun die Herleitung der Logikfunktionen für die Ausgangsvariablen Q1 bis Q6.

Die Schaltfunktion des D-Latches und des RS-Flipflop nach Kapitel 6.1.1 und 6.1.2 lauten allgemein:

D-Latch: $Q = Q \cdot \overline{EN} + Q \cdot D + D \cdot EN$

RS-Flipflop: $Q = Q \cdot \overline{R} + \overline{R} \cdot S$

In der Schaltung nach Abb. 8.6 gilt für …

… jedes D-Latch: $EN = \overline{Q6}$

… das RS-Flipflop: $S = \overline{Q1 \cdot Q2 \cdot Q3 \cdot Q4 \cdot Q5}$

$R = \overline{RESET}$

Setzt man diese Gleichungen in die allgemeinen Schaltfunktionen ein, so ergibt sich für …

… das erste D-Latch: $Q1 = Q1 \cdot Q6 + Q1 \cdot D1 + D1 \cdot \overline{Q6}$

… für das RS-Flipflop:

$$\begin{aligned} Q6 &= Q6 \cdot RESET + RESET \cdot \overline{Q1 \cdot Q2 \cdot Q3 \cdot Q4 \cdot Q5} \\ &= Q6 \cdot RESET + RESET \cdot (\overline{Q1} + \overline{Q2} + \overline{Q3} + \overline{Q4} + \overline{Q5}) \\ &= Q6 \cdot RESET + RESET \cdot \overline{Q1} + RESET \cdot \overline{Q2} \\ &\quad + RESET \cdot \overline{Q3} + RESET \cdot \overline{Q4} + RESET \cdot \overline{Q5} \end{aligned}$$

Auf dieselbe Art verfährt man bei den anderen D-Latches. Man erhält dann folgende Eingabedatei:

```
CHIP        REAKTION        GAL16V8        COMPLEX_MODE

D1    D2    D3    D4    D5    RESET  NC    NC    NC    GND
NC    NC    Q6    Q5    Q4    Q3     Q2    Q1    NC    VCC

Q1 = Q1 * Q6
   + Q1 * D1
   + D1 * /Q6;

Q2 = Q2 * Q6
   + Q2 * D2
   + D2 * /Q6;

Q3 = Q3 * Q6
   + Q3 * D3
   + D3 * /Q6;

Q4 = Q4 * Q6
   + Q4 * D4
   + D4 * /Q6;

Q5 = Q5 * Q6
   + Q5 * D5
   + D5 * /Q6;

Q6 = Q6 * RESET
   + RESET * /Q1
   + RESET * /Q2
   + RESET * /Q3
   + RESET * /Q4
   + RESET * /Q5;
```

Abb. 8.7 zeigt die Logikmatrix des GAL16V8. Daraus ist ersichtlich, welche Sicherungen gelöscht wurden und welche intakt sind. Die Kreuze kennzeichnen dabei die Stellen, bei denen eine Verbindung zwischen Reihe und Spalte hergestellt ist.

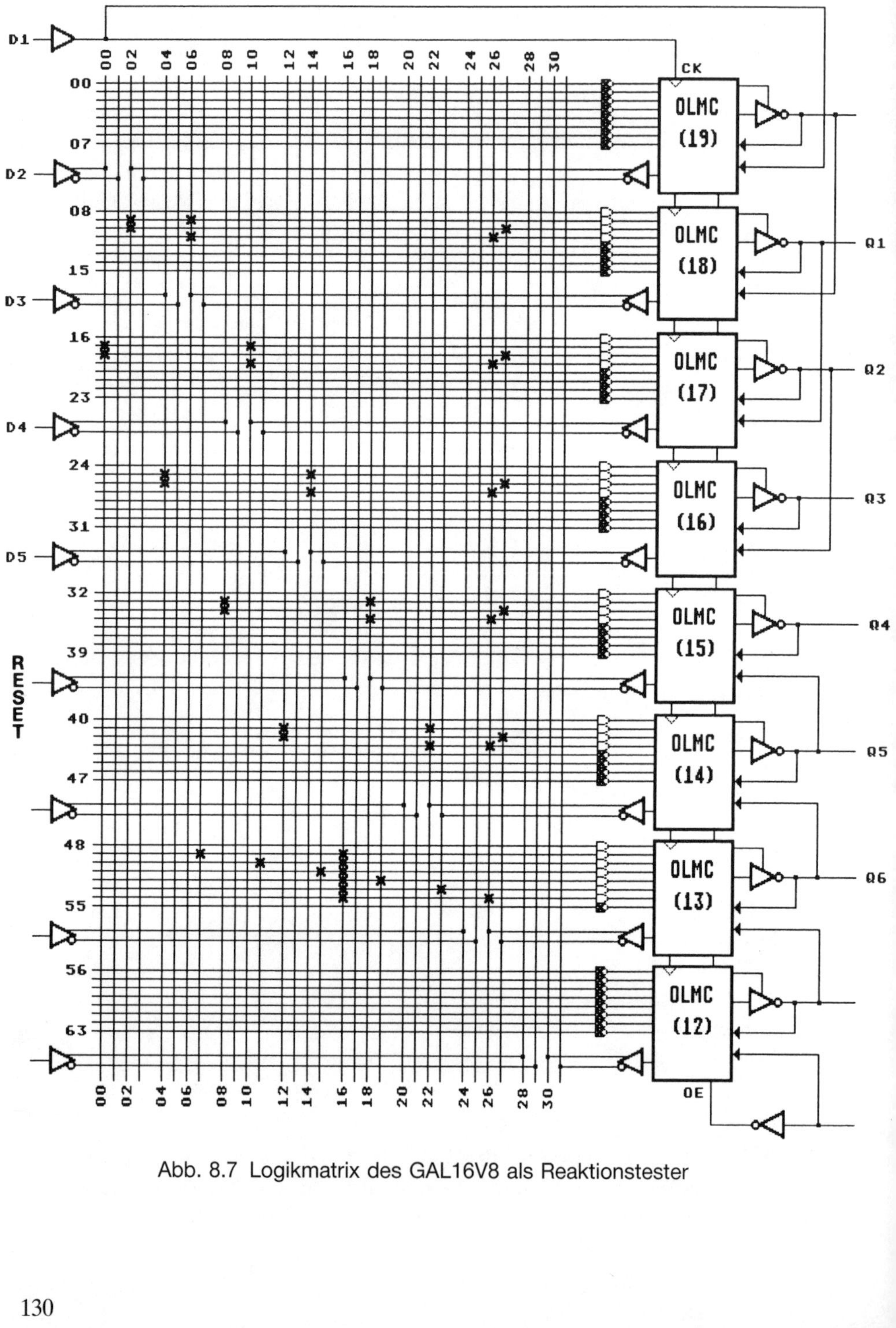

Abb. 8.7 Logikmatrix des GAL16V8 als Reaktionstester

8.3 Interface für den PC

Ein PC bietet die Möglichkeit, Erweiterungskarten zur Meßwerterfassung, für Überwachungs- oder Steuerungsaufgaben einzusetzen. Die dafür vorgesehenen Steckplätze, die Slots, sind im wesentlichen eine Verlängerung des Systembusses, wobei zwischen diesen und den Steckerleisten Bustreiber geschaltet sind, die die Bausteine auf der Hauptplatine schützen. Die Einsteckkarte wird vom PC über eine bestimmte Adresse selektiert. Diese Aufgabe übernimmt ein Adreßdecodierer, der feststellt, ob der PC den Adreßbereich der Einsteckkarte anspricht. Abhängig davon, ob der PC Daten einliest oder Daten ausgibt, werden die entsprechenden Schaltungsteile der Karte aktiviert. *Abb. 8.8* zeigt die Schaltung einer solchen Erweiterungskarte.

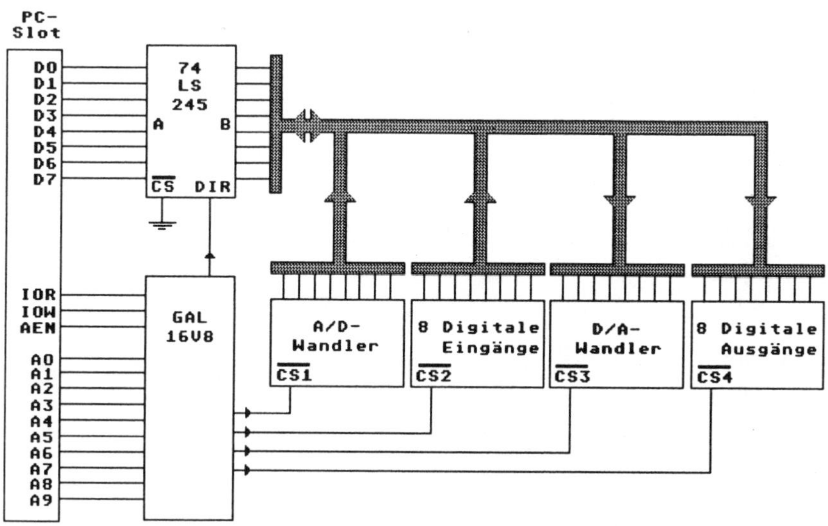

Abb. 8.8 Interfaceschaltung für den PC

Es folgt nun die Beschreibung dieser Interfacekarte: Vom PC-Bus gelangen die Steuersignale IOR, IOW und AEN sowie die Adreßleitungen A0 bis A9 auf das GAL16V8. Dieses erfüllt im wesentlichen zwei Aufgaben: Zum einen müssen die einzelnen Schaltungsteile unter der richtigen Adresse selektiert werden, zum anderen erfolgt mit dem Signal DIR die Datenrichtungsumschaltung am Bustreiber 74LS245. Findet ein Lesezugriff statt (Datenrichtung von B nach A), so muß an DIR Low-Pegel anliegen.

Die Steuersignale AEN, IOR und IOW haben dabei folgende Funktionen:

AEN: **ADRESS ENABLE**
Falls dieses Signal Low-Pegel führt, liegt eine gültige Adresse auf dem Bus.

IOR: **INPUT/OUTPUT READ**
Dieses Signal wird Low, falls der Rechner Daten über die Slotkarte einliest.

IOW: **INPUT/OUTPUT WRITE**
Dieses Signal wird Low, falls der Rechner Daten über die Slotkarte ausgibt.

Die einzelnen Schaltungsteile des Interfaces werden unter der folgenden Adresse selektiert:

			A9									A0
A/D-Wandler:	300_{16}	≙	1	1	0	0	0	0	0	0	0	0
8 digitale Eingänge:	301_{16}	≙	1	1	0	0	0	0	0	0	0	1
D/A-Wandler:	302_{16}	≙	1	1	0	0	0	0	0	0	1	0
8 digitale Ausgänge:	303_{16}	≙	1	1	0	0	0	0	0	0	1	1

Die Gleichungen der Ausgangssignale DIR, CS1, CS2, CS3 und CS4 lassen sich nun in Worten formulieren:

DIR=0 falls IOR=0 (Lesezugriff)
und die richtige Adresse liegt an (300_{16} oder 301_{16})
und AEN ist Low

CS1=0 falls IOR=0 (Lesezugriff)
und die richtige Adresse liegt an (300_{16})
und AEN ist Low

CS2=0 falls IOR=0 (Lesezugriff)
und die richtige Adresse liegt an (301_{16})
und AEN ist Low

CS2=0 falls IOW=0 (Schreibzugriff)
und die richtige Adresse liegt an (302_{16})
und AEN ist Low

CS3=0 falls IOW=0 (Schreibzugriff)
und die richtige Adresse liegt an (303_{16})
und AEN ist Low

Daraus ergibt sich folgende Eingabedatei:

```
CHIP     INTERPC    GAL16V8    COMPLEX_MODE

IOR  IOW  AEN  A0  A1  A2   A3   A4   A5   GND
A6   DIR  A7   A8  A9  CS1  CS2  CS3  CS4  VCC

/DIR= /IOR * /A1 * /A2 * /A3 * /A4 * /A5 * /A6 * /A7 * /A8 *
      /A9 * /AEN;
/CS1= /IOR * /A2 * /A3 * /A4 * /A5 * /A6 * /A7 * A8 * A9 * /AEN *
      /A0 * /A1;
/CS2= /IOR * /A2 * /A3 * /A4 * /A5 * /A6 * /A7 * A8 * A9 * /AEN *
      A0 * /A1;
/CS3= /IOW * /A2 * /A3 * /A4 * /A5 * /A6 * /A7 * A8 * A9 * /AEN *
      /A0 * A1;
/CS4= /IOW * /A2 * /A3 * /A4 * /A5 * /A6 * /A7 * A8 * A9 * /AEN *
      A0 * A1;
```

8.4 Elektronischer Würfel

Der elektronische Würfel ist ein beliebtes Beispiel für die Anwendung der programmierbaren Logik. Die Schaltung dazu ist in *Abb. 8.9* dargestellt. Die Ausgänge des GALs müssen dabei als Registerausgänge definiert werden, da

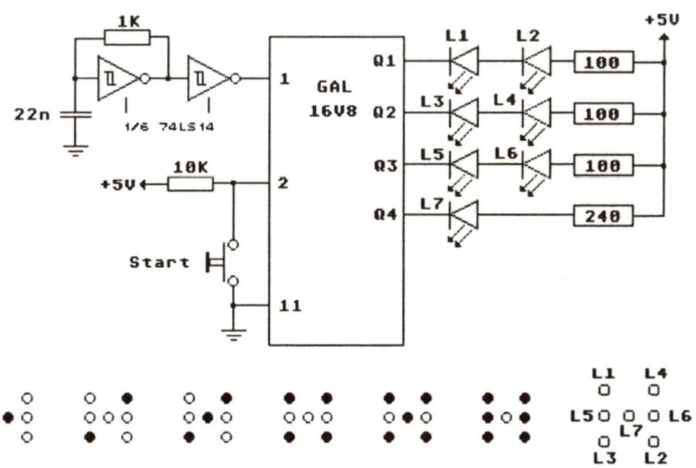

Abb. 8.9 Elektronischer Würfel mit dem GAL16V8

für eine Änderung der Ausgangszustände das Taktsignal an Pin 1 maßgebend ist. Jeder Impuls am Takteingang erhöht die durch Leuchtdioden dargestellte Augenzahl des Würfels. Das Taktsignal wird mit einer einfachen Oszillatorschaltung erzeugt. Zusätzlich verfügt der elektronische Würfel über eine Starttaste, die bei Betätigen den Würfelvorgang einleitet. Erst nach dem Loslassen der Starttaste kann die gewürfelte Augenzahl abgelesen werden.

Die Wahrheitstabelle des Würfels zeigt *Abb. 8.10*. Daraus lassen sich mit Hilfe der disjunktiven Normalform die Schaltfunktionen der Ausgangsvariablen

	Momentaner Zustand					Folgezustand			
Zahl	START	Q1	Q2	Q3	Q4	$Q1^+$	$Q2^+$	$Q3^+$	$Q4^+$
1	0	1	1	1	0	1	0	1	1
2	0	1	0	1	1	1	0	1	0
3	0	1	0	1	0	0	0	1	1
4	0	0	0	1	1	0	0	1	0
5	0	0	0	1	0	0	0	0	1
6	0	0	0	0	1	1	1	1	0
Ablesen	1	X	X	X	X	Q1	Q2	Q3	Q4

Abb. 8.10
Wahrheitstabelle des elektronischen Würfels

Q1 bis Q4 ermitteln. Eine anschließende Minimierung der Schaltfunktionen ist nicht erforderlich, da die maximale Anzahl an Produktermen, die im GAL oderverknüpft werden können, nicht überschritten wird. Für die Schaltfunktion der Ausgangsvariablen Q3 läßt sich allerdings von vornherein eine Vereinfachung vornehmen, da in der Wahrheitstabelle hier mehr Einsen als Nullen vorkommen. Man stellt die Schaltfunktion nicht für die Ausgangsvariable Q3 auf, sondern für deren negierten Wert $\overline{Q3}$. Diese Variable muß dann in der Eingabedatei als aktiv Low definiert werden. Die Eingabedatei des elektronischen Würfels lautet demnach:

```
CHIP          WÜRFEL          GAL16V8          COMPLEX_MODE

CLK   START   NC    NC    NC    NC    NC    NC    NC    GND
/OE   NC      NC    NC    NC    Q4    Q3    Q2    Q1    VCC

Q1 := Q1 * Q2 * Q3 * /Q4 * /START
    + Q1 * /Q2 * /Q3 * Q4 * /START
    + /Q1 * /Q2 4 /Q3 * Q4 * /START
    + Q1 * START;

Q2 := /Q1 * /Q2 * /Q3 * Q4 * /START
    + Q2 * START;
```

```
/Q3:= /Q1 * /Q2 * Q3 * /Q4 * /START
    + /Q3 * START;

Q4 := Q1 * Q2 * Q3 * /Q4 * /START
    + Q1 * /Q2 * Q3 * /Q4 * /START
    + /Q1 * /Q2 * Q3 * /Q4 * /START
    + Q4 * START;
```

9 Weitere GAL-Typen

Trotz der hohen Flexibilität der beiden Standard-GALs 16V8 und 20V8 weisen sie einige Nachteile auf. So ist beispielsweise die Anzahl der Produktterme, die pro Ausgang oderverknüpft werden können auf maximal acht begrenzt. Ferner fehlt bei den GALs 16V8 und 20V8 die Möglichkeit, die Register-Ausgänge asychron, also unabhängig vom Takt, rückzusetzen. Nicht zuletzt schränkt die begrenzte Anzahl an Ausgängen die Möglichkeiten beim Entwurf digitaler Schaltungen ein. Den beiden Standard-GALs 16V8 und 20V8 folgten die wesentlich komplexeren und damit den steigenden Bedarf an integrierbarer Logik decken-

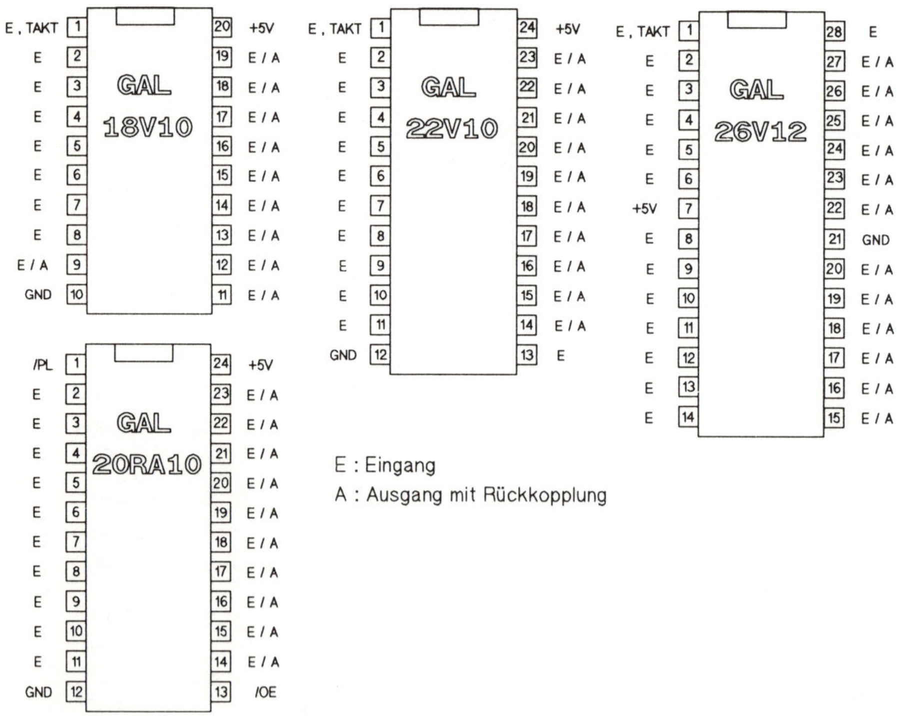

Abb. 9.1 Pinbelegung der GALs 18V10, 22V10, 26V12 und 20RA10

den GALs 22V10, 18V10 und 26V12 der zweiten Generation. Hier wurden die eben erwähnten Nachteile größtenteils beseitigt, wodurch der Anwender noch mehr Flexibilität beim Schaltungsentwurf erhält. Die dritte Generation, vertreten durch den GAL20RA10 läßt eine Einzelkonfiguration von Pins zu: Takt, asynchroner Reset und Preset für Register-Ausgänge sowie die Tristatefreigabe sind einzeln konfigurierbar. Abb. 9.1 zeigt die Pinbelegung dieser neuen GALs.

9.1 Die GAL22V10-Familie

Die zweite GAL-Generation besteht aus den drei Mitgliedern der GAL22V10-Familie, den GALs 18V10, 22V10 und 26V12. Diese GALs, deren Logikmatrix in den Abbildungen 9.2 bis 9.7 zu sehen sind, bieten eine erheblich erweiterte Programmierbarkeit, zudem ist die interne Struktur sehr geradlinig. Für jeden GAL stehen nunmehr 10 bzw. 12 I/O-Pins sowie 8, 12 bzw. 14 Inputpins zur Verfügung. Jede der Ausgangszellen kann dabei auch als Eingang definiert werden. Die Signale aller Ausgangszellen werden in die Logikmatrix zurückgekoppelt und können somit wieder verknüpft werden. Der wichtigste Unterschied zu den beiden GALs 16V8 und 20V8 liegt in der Anzahl der Produktterme, die in der Ausgangszelle oderverknüpft werden. So gelangen beim GAL22V10 jeweils 8, 10, 12, 14 oder 16 Produktterme in eine Ausgangszelle. Dies stellt für den Anwender einen wesentlichen Vorteil dar. Jede Ausgangszelle kann darüber hinaus als synchron oder asynchron definiert werden. Einen weiteren Unterschied zu den Standard-GALs der ersten Generation bildet der Takteingang an Pin 1. Zwar werden auch alle D-Flipflops gleichzeitig getaktet, aber das Taktsignal führt ebenfalls in die Logikmatrix und kann somit für Verknüpfungen herangezogen werden.

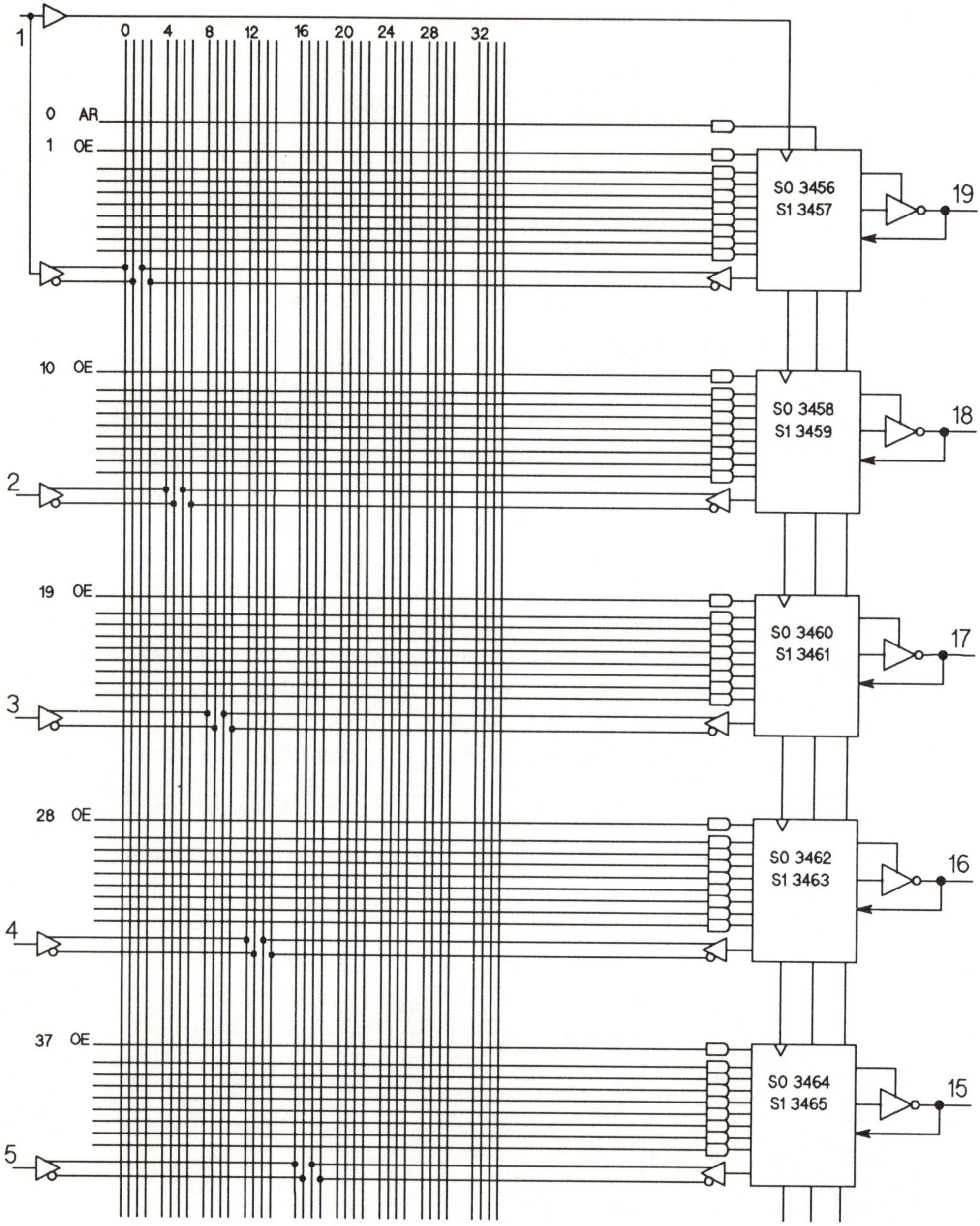

Abb. 9.2 Logikmatrix des GAL18V10, Teil 1

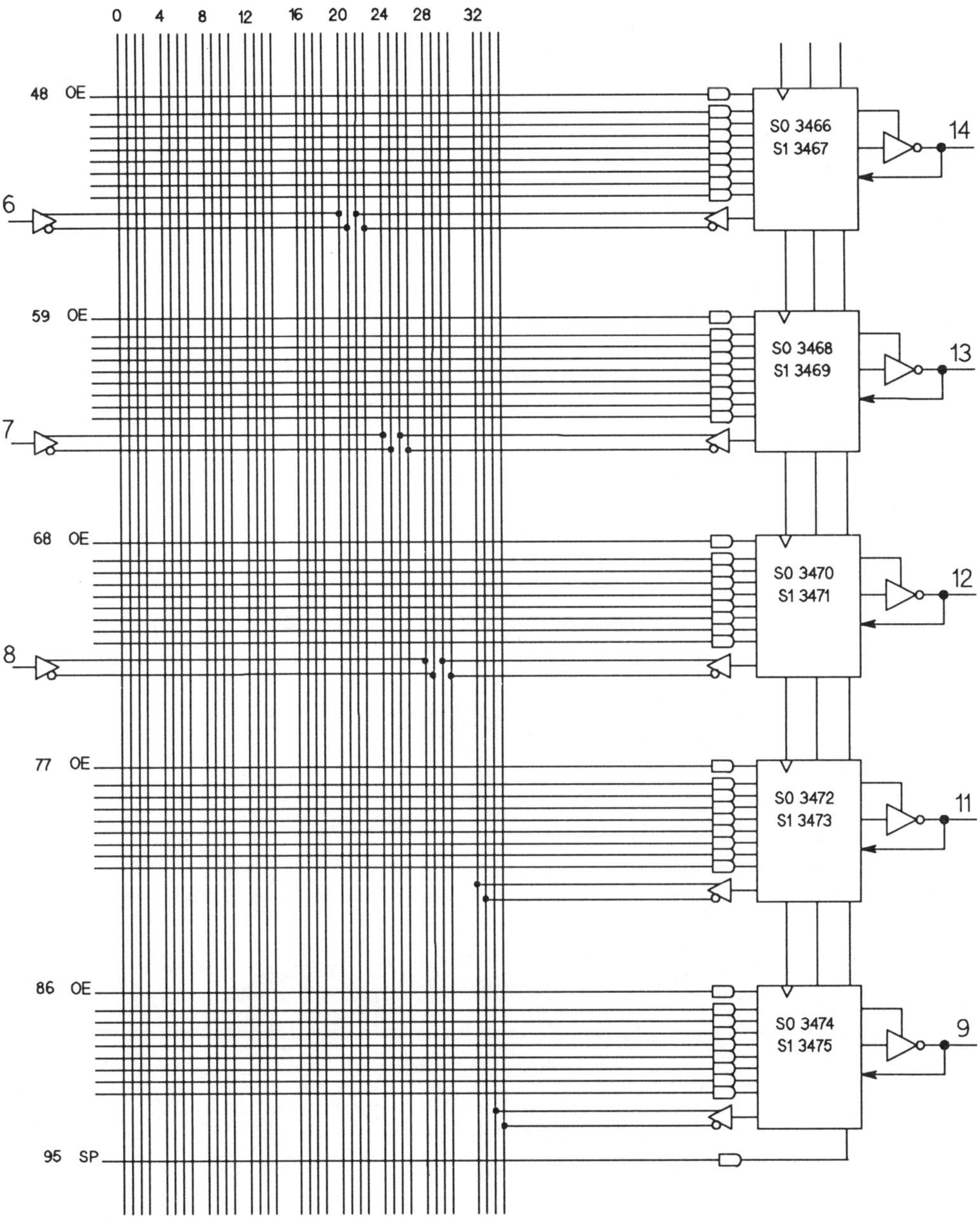

Abb. 9.3 Logikmatrix des GAL18V10, Teil 2

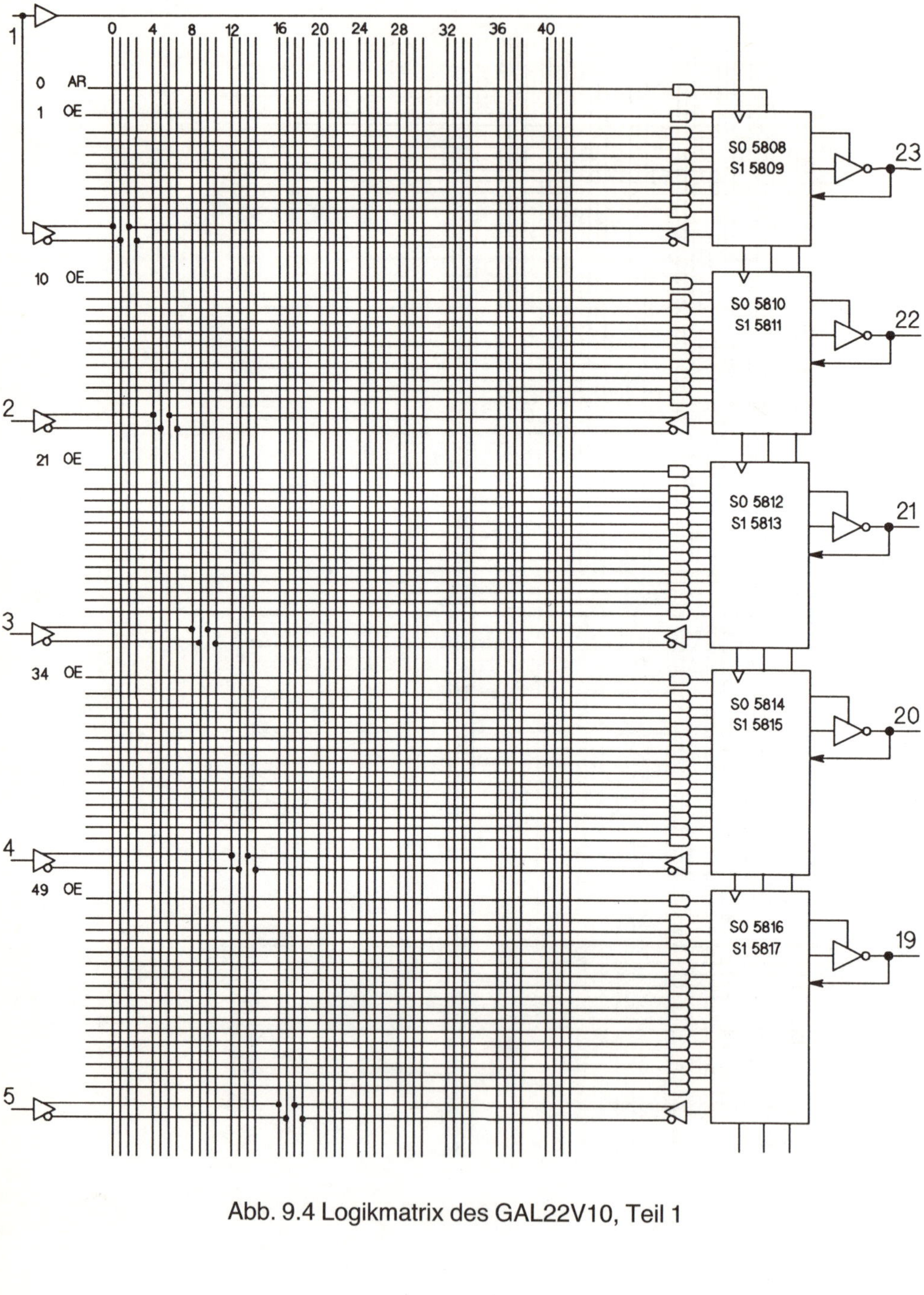

Abb. 9.4 Logikmatrix des GAL22V10, Teil 1

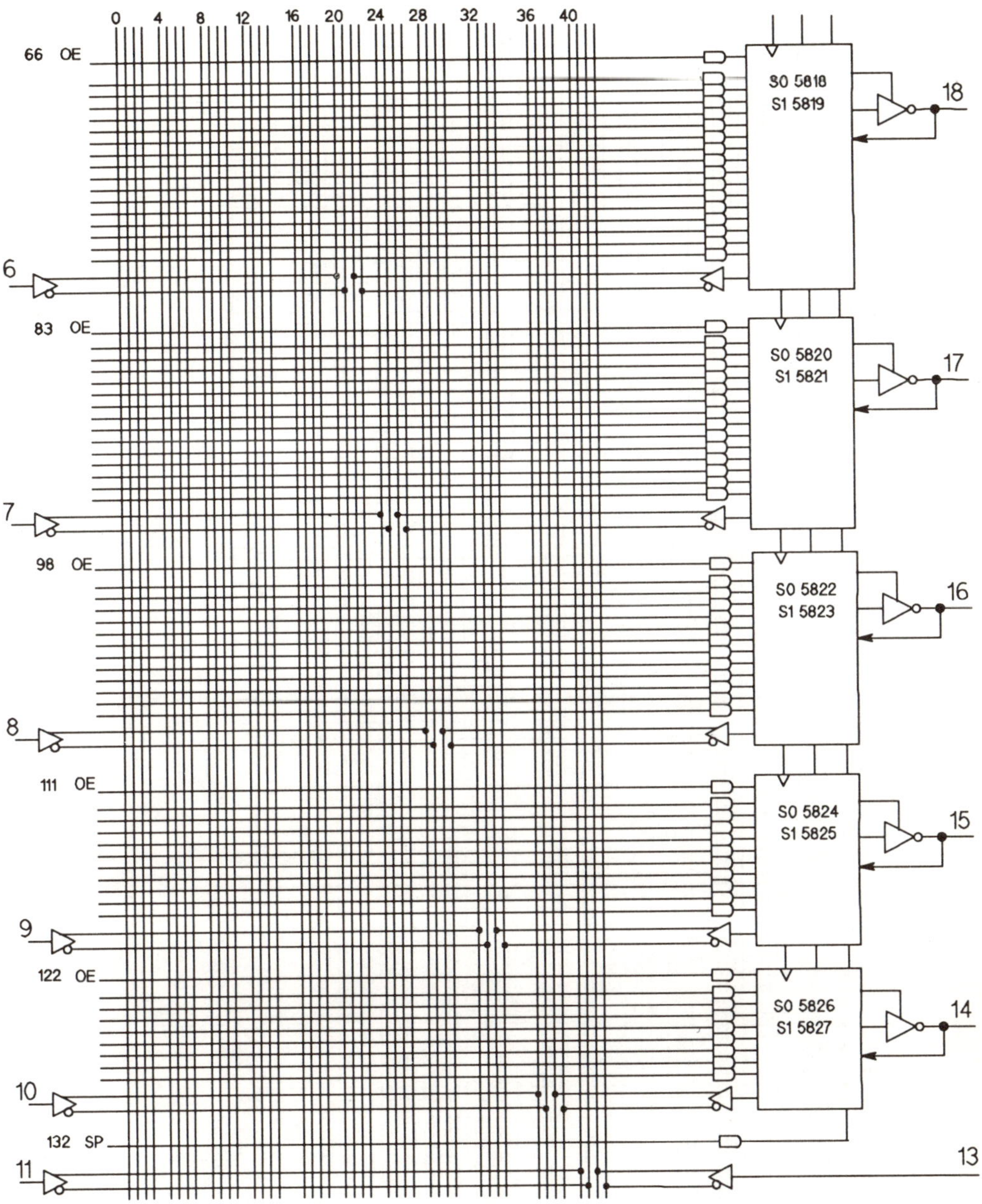

Abb. 9.5 Logikmatrix des GAL22V10, Teil 2

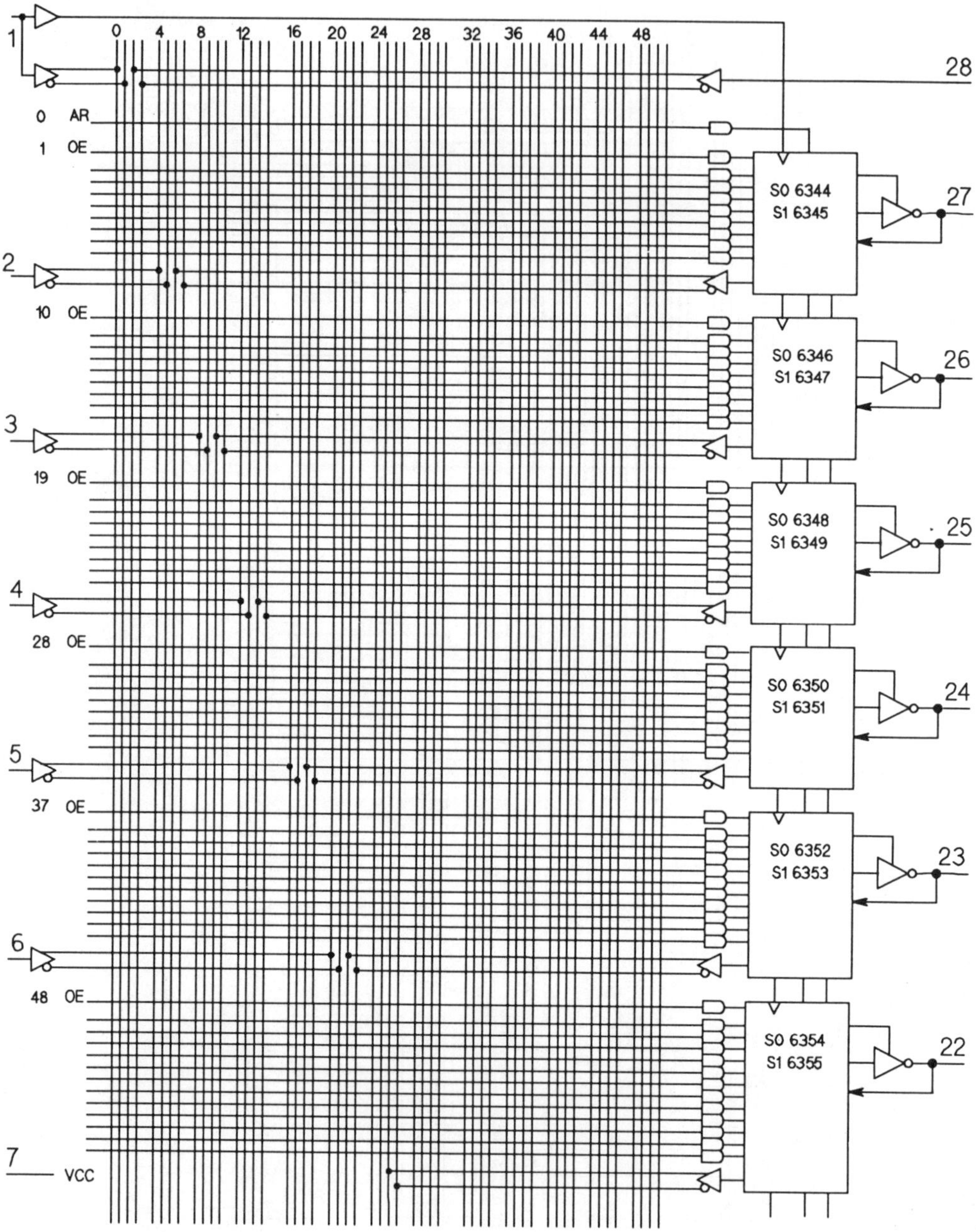

Abb. 9.6 Logikmatrix des GAL26V12, Teil 1

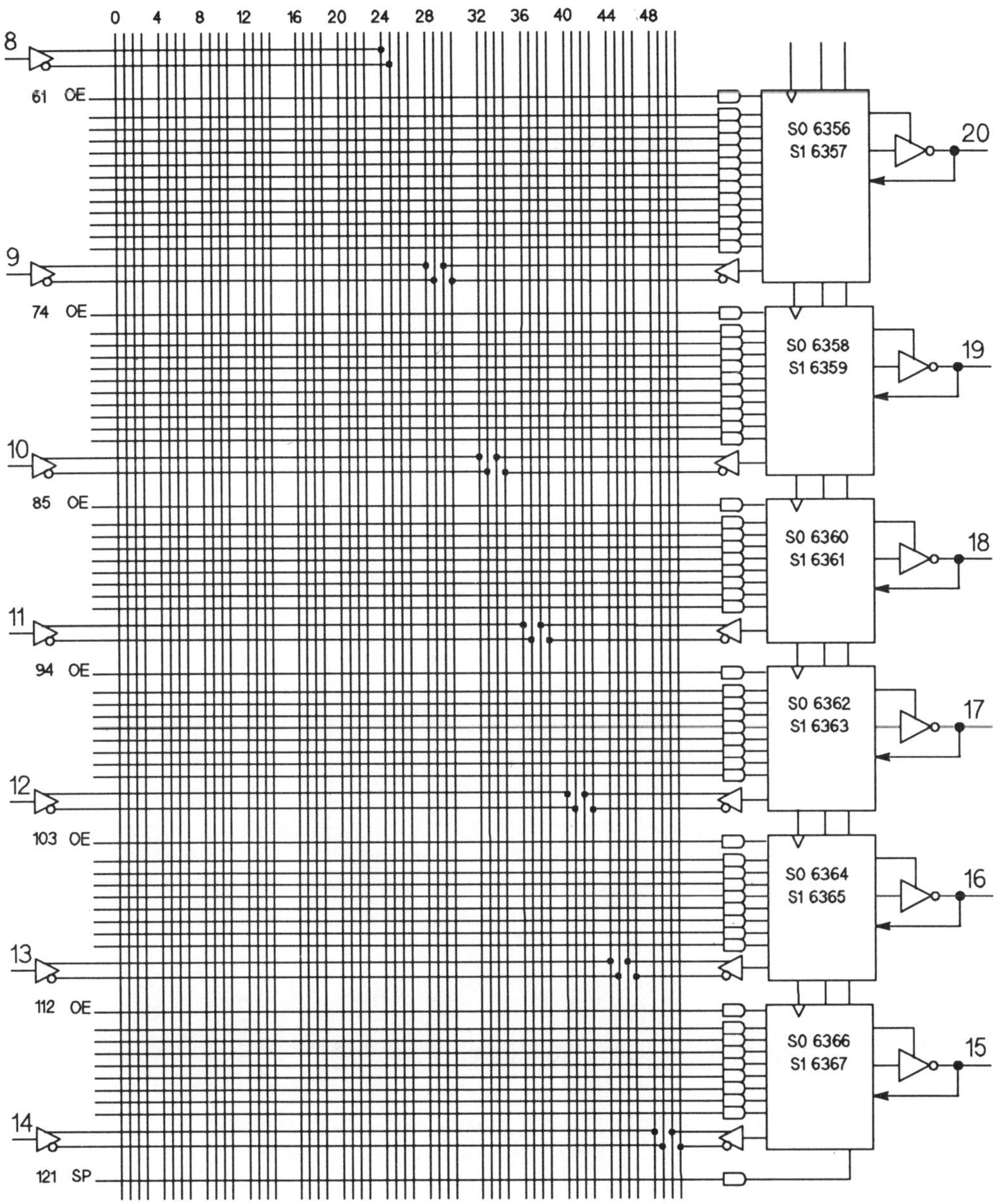

Abb. 9.7 Logikmatrix des GAL26V12, Teil 2

Abb. 9.8 zeigt die möglichen Srukturen einer Ausgangszelle. Daraus geht hervor, welche Konfiguration der Anwender einstellen kann. Die zwei internen Schalter S0 und S1 legen die Funktion der Ausgangszelle fest. Es ist hierbei zu beachten, daß sich jede Ausgangszelle individuell konfigurieren läßt. Liegt S1 auf Low-Pegel, ist dem eigentlichen Ausgangspin ein D-Flipflop vorgeschaltet, man spricht dann von einem Registerausgang.

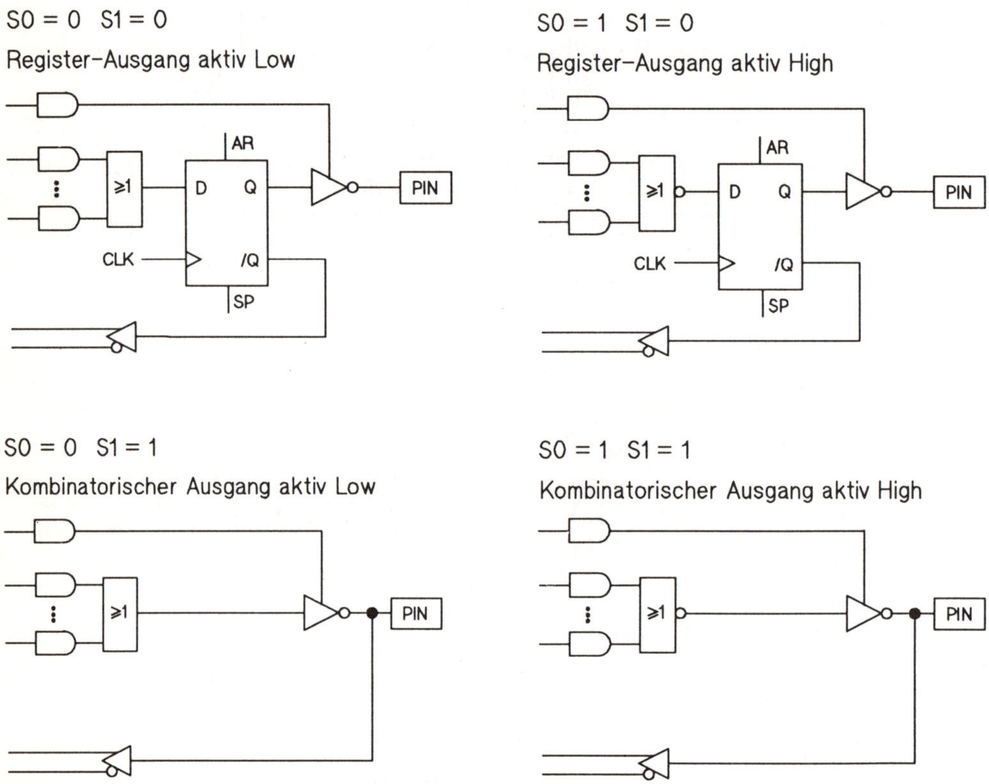

Abb. 9.8 Mögliche Ausgangsstrukturen bei den GALs der 22V10-Familie

Für S1=1 wird dieses D-Flipflop überbrückt. Zusätzlich zu beiden Einstellungen läßt sich mit S0 auswählen, ob der Ausgang aktiv High oder aktiv Low zu bewerten ist. Die Freigabe des Ausgangssignals erfolgt jeweils durch einen Produktterm und unabhängig davon, ob der Ausgang als Register-Ausgang oder als Kombinatorischer Ausgang definiert ist. Ergibt das Ergebnis dieser Verknüpfung eine 1, wird der Ausgang vom hochohmigen Zustand in den Normalzustand geschaltet. Man erinnere sich daran, daß bei den GALs 16V8 und 20V8 das Signal an Pin 13 die Freigabe der Registerausgänge bewirkt.

Als neues Feature gegenüber der ersten Generation kennt das GAL 22V10 zwei interne Signale AR (Asynchronous Reset) und SP (Synchronous Reset). Zur Bildung dieser Signale ist jeweils ein Produktterm vorgesehen. Ergibt die Verknüpfung des Produkttermes für AR eine logische 1, so werden alle D-Flipflops asynchron, also unabhängig vom Takt auf Low zurückgesetzt. Man muß allerdings beachten, daß nur der Ausgang des D-Flipflops Low wird, sich aber am Ausgangspin des GALs High-Pegel einstellt, falls der Ausgang aktiv Low definiert ist. Ergibt der Produktterm für das Signal SP eine 1, so wird der Ausgang des D-Flipflops synchron auf High-Pegel gesetzt. Für die Polarität des Ausgangssignals gilt eben Gesagtes.

Die folgende Auflistung faßt nochmals die wichtigsten Eigenschaften der GALs 18V10, 22V10 und 26V12 zusammen:

- Alle zehn Ausgangszellen können individuell konfiguriert werden als:
  Register-Ausgang, aktiv High / aktiv Low
  Kombinatorischer Ausgang, aktiv High / aktiv Low
- Alle Ausgangssignale werden zurückgekoppelt
- Die Freigabe eines Ausgangssignals erfolgt jeweils durch einen Produktterm
- Pro Ausgangszelle lassen sich 8, 10, 12, 14 oder 16 Produktterme oder verknüpfen (vergleiche Logikmatrix)
- Der Takteingang an Pin 1 kann auch verknüpft werden
- Das interne Signal AR (Asynchronous Reset) setzt für AR=1 alle D-Flipflops asynchron auf Low
- Das interne Signal SP (Synchronous Preset) setzt für SP=1 alle D-Flipflops synchron (mit der positiven Taktfllanke) auf High

9.2 Die GAL20RA10-Familie

Das GAL20RA10 kann als eine Weiterentwicklung des GAL22V10 angesehen werden. Mit ihm lassen sich Strukturen realisieren, die mit den bisher aufgeführten GALs nicht möglich sind. Der prinzipielle Aufbau des 20RA10 gestaltet sich genauso, wie beim GAL22V10. Abb. 9.9 und 9.10 zeigen die Logikmatrix des GAL20RA10.

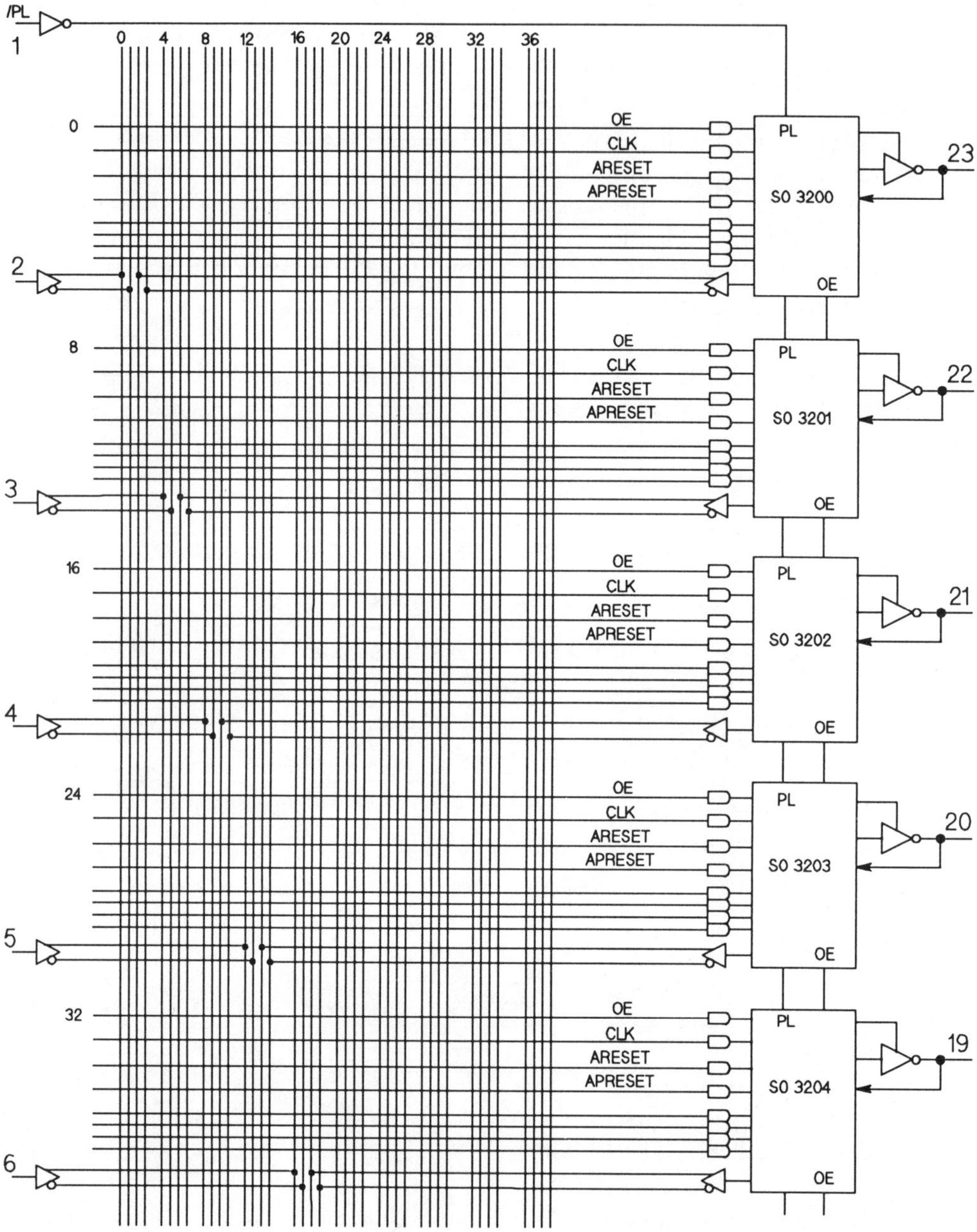

Abb. 9.9 Logikmatrix des GAL20RA10, Teil 1

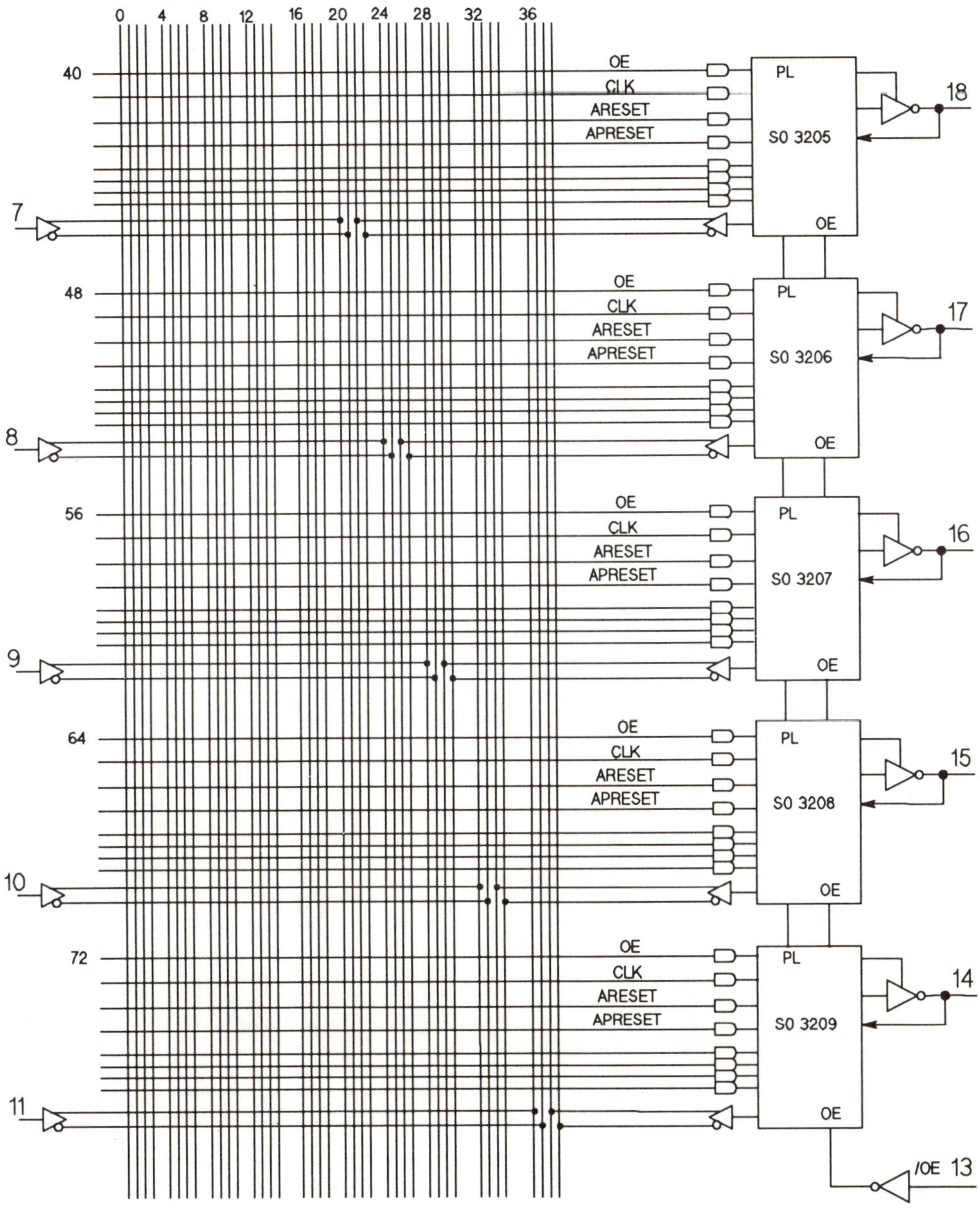

Abb. 9.10 Logikmatrix des GAL20RA10, Teil 2

Neben den üblichen Ein- und Ausgangspins verfügt das GAL zusätzlich über zwei spezielle Eingänge /OE und /PL, die allen Ausgangszellen gleichzeitig zugeführt werden. Aus der Logikmatrix gelangen jeweils acht Produktterme zur Ausgangszelle. Abb. 9.11 zeigt die interne Struktur einer Ausgangszelle und Abb. 9.12 gibt dem Anwender einen Überblick, welche Ausgangsstrukturen im einzelnen verfügbar sind.

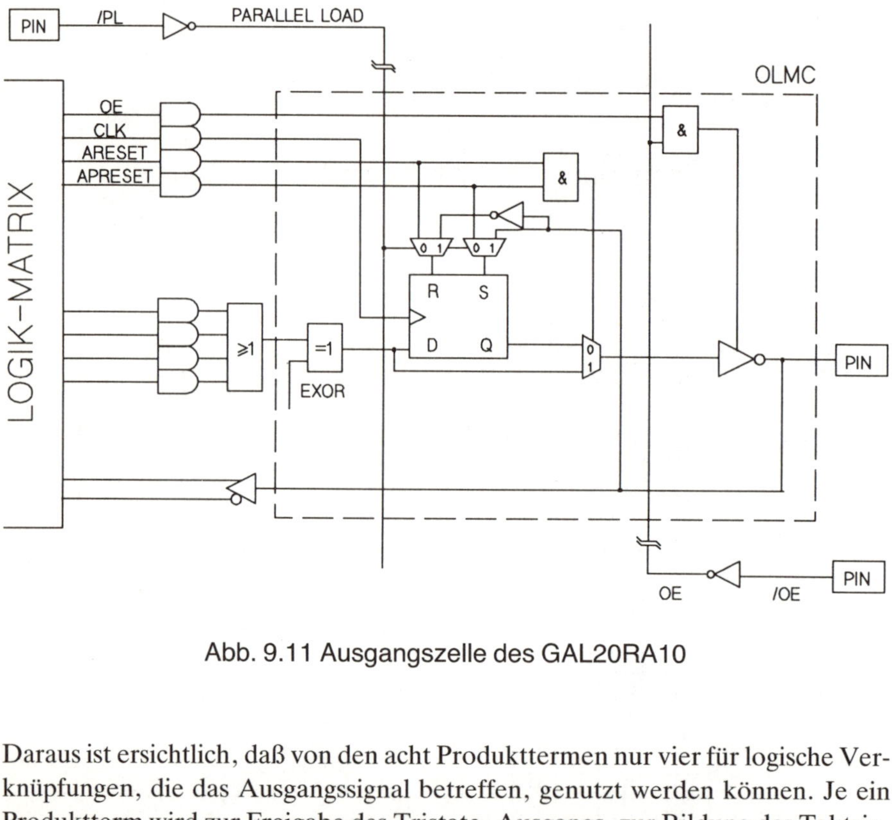

Abb. 9.11 Ausgangszelle des GAL20RA10

Daraus ist ersichtlich, daß von den acht Produkttermen nur vier für logische Verknüpfungen, die das Ausgangssignal betreffen, genutzt werden können. Je ein Produktterm wird zur Freigabe des Tristate- Ausgangs, zur Bildung des Taktsignales der D-Flipflops und zur Bildung der Signale APRESET und ARESET verwendet. Somit ist für jeden Register-Ausgang eine Definition des Taktsignales erforderlich. Hier liegt die Besonderheit des GAL20RA10. Die Signale APRESET und ARESET wirken asynchron, also unabhängig vom Takt. Ergibt der Produktterm für APRESET eine 1, so bewirkt dies am Ausgang des Flipflops High-Pegel. ARESET=1 setzt die Flipfklops asynchron auf Low zurück. Aus Abb. 9.11 geht ferner hervor, daß neben den Produktterm "OE" auch das Signal /OE an Pin 13 die Freigabe eines Ausgangssignals steuert. Im Normalbetrieb sollte dieses Signal, das allen Ausgangszellen gleichzeitig zugeführt wird, auf Low-

Pegel liegen. Das Signal /PL bietet die Möglichkeit die D-Flipflops mit einem bestimmten Wert zu laden. Für PL=0 übernehmen die Register-Ausgänge den logischen Zustand am D-Eingang der Flipflops.

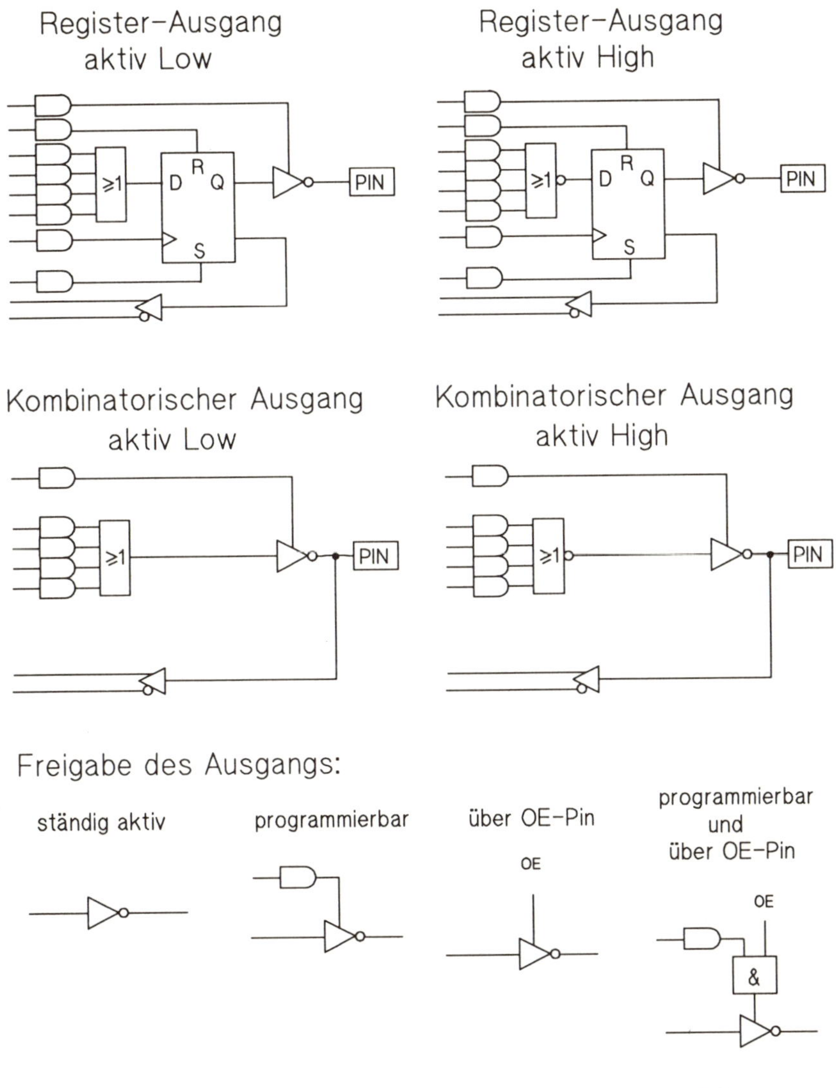

Abb. 9.12 Mögliche Ausgangsstrukturen des GAL20RA10

Die folgende Auflistung faßt nochmals die Eigenschaften des GAL20RA10 zusammen:

- Alle zehn Ausgangszellen können individuell konfiguriert werden als: Register-Ausgang, aktiv High / aktiv Low Kombinatorischer Ausgang, aktiv High / aktiv Low
- Alle Ausgangssignale werden zurückgekoppelt
- Die Freigabe eines Ausgangssignals erfolgt jeweils durch einen Produktterm und zusätzlich global durch das Signal /OE an Pin 13
- Pro Ausgangszelle lassen sich 4 Produktterme zur Bildung der Logikgleichung des Ausgangssignals oderverknüpfen
- Die Signale CLK, APRESET, ARESET und OE werden pro Ausgangszelle jeweils durch einen Produktterm gebildet
- Das Signal /PL an Pin 1 bewirkt für PL=0 das Vorladen der Register-Ausgänge

Datenblätter

National Semiconductor

GAL16V8 Generic Array Logic

General Description

The NSC E²CMOS™ GAL® device combines a high performance CMOS process with electrically erasable floating gate technology. This programmable memory technology applied to array logic provides designers with reconfigurable logic and bipolar performance at significantly reduced power levels.

The 20-pin GAL16V8 features 8 programmable Output Logic Macrocells (OLMCs) allowing each TRI-STATE® output to be configured by the user. Additionally, the GAL16V8 is capable of emulating, in a functional/fuse map/parametric compatible device, all common 20-pin PAL® device architectures.

Programming is accomplished using readily available hardware and software tools. NSC guarantees a minimum 100 erase/write cycles.

Unique test circuitry and reprogrammable cells allow complete AC, DC, cell and functionality testing during manufacture. Therefore, NSC guarantees 100% field programmability and functionality of the GAL devices. In addition, electronic signature is available to provide positive device ID. A security circuit is built-in, providing proprietary designs with copy protection.

Features

- Electrically erasable cell technology
  - — Reconfigurable logic
  - — Reprogrammable cells
  - — Guaranteed 100% yields
- High performance E²CMOS technology
  - — Low power: 45 mA/90 mA max active
  - — High Speed: 20 ns–35 ns max access
- Eight output logic macrocells
  - — Maximum flexibility for complex logic designs
  - — Also emulates 20-pin PAL devices with full function/fuse map/parametric compatibility
- Preload and power-on reset of all registers
  - — 100% functional testability
- Fully supported by National PLAN™ development software
- High speed programming algorithm
- Security cell prevents copying logic

PAL Replacement by Device Type

"Small-PAL" Mode				"Registered-PAL" Mode			"Medium-PAL" Mode
10L8	12L6	14L4	16L2	16R8	16R6	16R4	16L8
10H8	12H6	14H4	16H2	16RP8	16RP6	16RP4	16H8
10P8	12P6	14P4	16P2				16P8

PAL Replacement by Speed/Power

PAL			GAL
Rev	**Speed**	**Power***	**Rev**
B-2	25 ns	90 mA	25L or 20L or 25Q (45 mA)
A	25 ns	180 mA	25L or 20L (90 mA)
B-4	35 ns	45 mA	30Q
A-2	35 ns	90 mA	30Q (45 mA)
STD	35 ns	180 mA	25L (90 mA)

*Shown for Medium PAL products

Block Diagram—GAL16V8

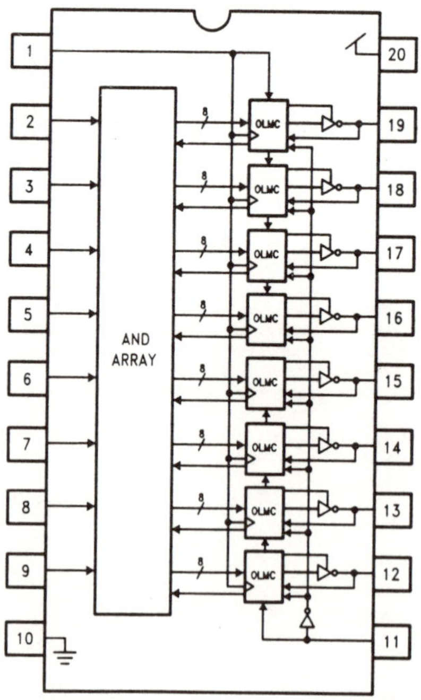

TL/L/9344-1

Absolute Maximum Ratings (Note 1)

If Military/Aerospace specified devices are required, please contact the National Semiconductor Sales Office/Distributors for availability and specifications.

Supply Voltage (V_{CC}) (Note 2)	−0.5V to +7.0V
Input Voltage (Note 2)	−2.5V to V_{CC} +1.0V
Off-State Output Voltage (Note 2)	−2.5V to V_{CC} +1.0V
Output Current	+100 mA
Storage Temperature	−65°C to +150°C
Ambient Temperature with Power Applied	−65°C to +125°C
Junction Temperature	−65°C to +150°C
Lead Temperature (Soldering, 10 seconds)	260°C
ESD Tolerance	500V

C_{ZAP} = 100 pF
R_{ZAP} = 1500Ω
Test Method: Human Body Model
Test Specification: NSC SOP-5-028

Recommended Operating Conditions

SUPPLY VOLTAGE AND TEMPERATURE

Symbol	Parameter	Commercial			Industrial			Military			Units
		Min	Nom	Max	Min	Nom	Max	Min	Nom	Max	
V_{CC}	Supply Voltage	4.75	5	5.25	4.5	5	5.5	4.5	5	5.5	V
T_A	Operating Free-Air Temperature	0	25	75	−40	25	85	−55	25		°C
T_C	Operating Case Temperature									125	°C

AC TIMING REQUIREMENTS

Symbol	Parameter		GAL16V8-20L COM/IND		GAL16V8-25Q GAL16V8-25L COM/IND MIL*		GAL16V8-35Q GAL16V8-35L COM/IND* MIL		Units
			Min	Max	Min	Max	Min	Max	
t_{SU}	Set-Up Time (Input or Feedback before Clock)		15		20		25		ns
t_H	Hold Time (Input after Clock)		0		0		0		ns
t_W	Clock Pulse Width (High/Low)		12		15		15		ns
t_{CYCLE}	Clock Cycle Period (with Feedback) (Note 3)		30		35		45		ns
f_{CLK}	Clock Frequency (Note 4)	With Feedback		33.3		28.5		22.2	MHz
		Without Feedback		41.6		33.3		33.3	MHz
f_I	Input Frequency (Note 5)			50.0		40.0		33.3	MHz
t_{PR}	Clock Valid after Power-Up			100		100		100	ns

* -25Q available only in COM/IND operating ranges;
-30L available only in MIL operating range (for COM/IND, use -25L).

Note 1: Absolute maximum ratings are those values beyond which the device may be permanently damaged. Proper operation is not guaranteed outside the specified recommended operating conditions.

Note 2: Some device pins may be raised above these limits during programming and preload operations according to the applicable specification.

Note 3: $t_{CYCLE} = t_{SU} + t_{CLK}$

Note 4: f_{CLK} (with feedback) = $(t_{CYCLE})^{-1}$
f_{CLK} (without feedback) = $(2\ t_w)^{-1}$

Note 5: $f_I = (t_{PD})^{-1}$

Electrical Characteristics Over Recommended Operating Conditions

Symbol	Parameter		Conditions		Temperature Range	Min	Typ	Max	Units
V_{IH}	High Level Input Voltage					2.0		$V_{CC}+1$	V
V_{IL}	Low Level Input Voltage					−1.0		0.8	V
V_{OH}	High Level Output Voltage		V_{CC} = Min	$I_{OH} = -3.2$ mA	COM/IND	2.4			V
				$I_{OH} = -2.0$ mA	MIL	2.4			V
V_{OL}	Low Level Output Voltage		V_{CC} = Min	$I_{OL} = 24$ mA	COM/IND			0.5	V
				$I_{OL} = 12$ mA	MIL			0.5	V
I_{OZH}	High Level Off State Output Current		V_{CC} = Max, $V_O = V_{CC}$ (Max)					10	μA
I_{OZL}	Low Level Off State Output Current		V_{CC} = Max, V_O = GND					−10	μA
I_I	Maximum Input Current		V_{CC} = Max, $V_I = V_{CC}$ (Max)					10	μA
I_{IH}	High Level Input Current		V_{CC} = Max, $V_I = V_{CC}$ (Max)					10	μA
I_{IL}	Low Level Input Current		V_{CC} = Max, V_I = GND					−10	μA
I_{OS}*	Output Short Circuit Current		V_{CC} = 5.0V, V_O = GND			−30		−130	mA
I_{CC}	Supply Current	Quarter Power (GAL16V8-25Q, -35Q)	f = 15 MHz, V_{CC} = Max		COM			45	mA
					MIL/IND			55	mA
		Half Power (GAL16V8-20L, -25L)	f = 15 MHz, V_{CC} = Max		COM			90	mA
					MIL/IND			110	mA
C_I	Input Capacitance		V_{CC} = 5.0V, V_I = 2.0V					8	pF
$C_{I/O}$	I/O Capacitance		V_{CC} = 5.0V, $V_{I/O}$ = 2.0V					10	pF

*One output at a time for a maximum duration of one second @ 25°C.

Switching Characteristics Over Recommended Operating Conditions

Symbol	Parameter	Conditions	GAL16V8-20L		GAL16V8-25Q GAL16V8-25L		GAL16V8-30Q GAL16V8-35Q		Units
			COM/IND		COM/IND MIL*		COM/IND* MIL		
			Min	Max	Min	Max	Min	Max	
t_{PD}	Input or Feedback to Combinatorial Output	S1 Closed, C_L = 50 pF		20		25		30	ns
t_{CLK}	Clock to Registered Output or Feedback	S1 Closed, C_L = 50 pF		15		15		20	ns
t_{PZXG}	$\overline{G}$ ↓ to Registered Output Enabled	Active High: S1 Open, C_L = 50 pF Active Low: S1 Closed, C_L = 50 pF		18		20		25	ns
t_{PXZG}	$\overline{G}$ ↑ to Registered Output Disabled	From V_{OH}: S1 Open, C_L = 5 pF From V_{OL}: S1 Closed, C_L = 5 pF		18		20		25	ns
t_{PZXI}	Input to Combinatorial Output Enabled via Product Term	Active High: S1 Open, C_L = 50 pF Active Low: S1 Closed, C_L = 50 pF		20		25		30	ns
t_{PXZI}	Input to Combinatorial Output Disabled via Product Term	From V_{OH}: S1 Open, C_L = 5 pF From V_{OL}: S1 Closed, C_L = 5 pF		20		25		30	ns
t_{RESET}	Power-Up to Registered Output High	S1 Closed, C_L = 50 pF		45		45		45	μs

* -25Q available only in COM/IND operating ranges;
-35Q available only in MIL operating range (for COM/IND, use -25L).

Ordering Information

The device number is used to form part of a simplified purchasing code where a package type and temperature range are defined as follows:

GAL 16 V 8 - 20 L N C

- GAL: Generic Array Logic Family
- 16: Number of Array Inputs
- V: Output Type: V = Variable Architecture
- 8: Number of Outputs
- 20: Speed:

t_{PD} (ns)	Power Versions	Temperature Ranges
20	L	C, I
25	L	C, I
25	Q	C, I
35	Q	C, I

- L: Power Version:
  Q = Quarter Power (45 mA)
  L = Half Power (90 mA)
- N: Package Type:
  N = 20-Pin Plastic DIP
  J = 20-Pin Ceramic DIP
  V = 20-Lead Plastic Chip Carrier
- C: Temperature Range:
  C = Commercial (0°C to +75°C)
  I = Industrial (−40°C to +85°C)
  M = Military(−55°C to +125°C)

GAL16V8 Block Diagram—DIP Connections

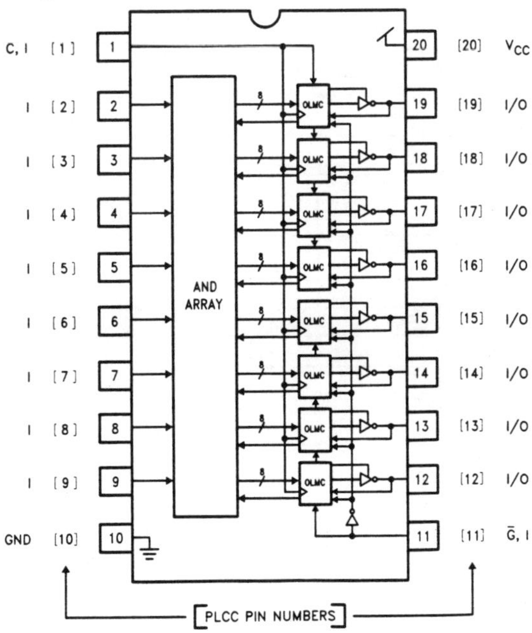

TL/L/9344-30

GAL16V8 Logic Diagram

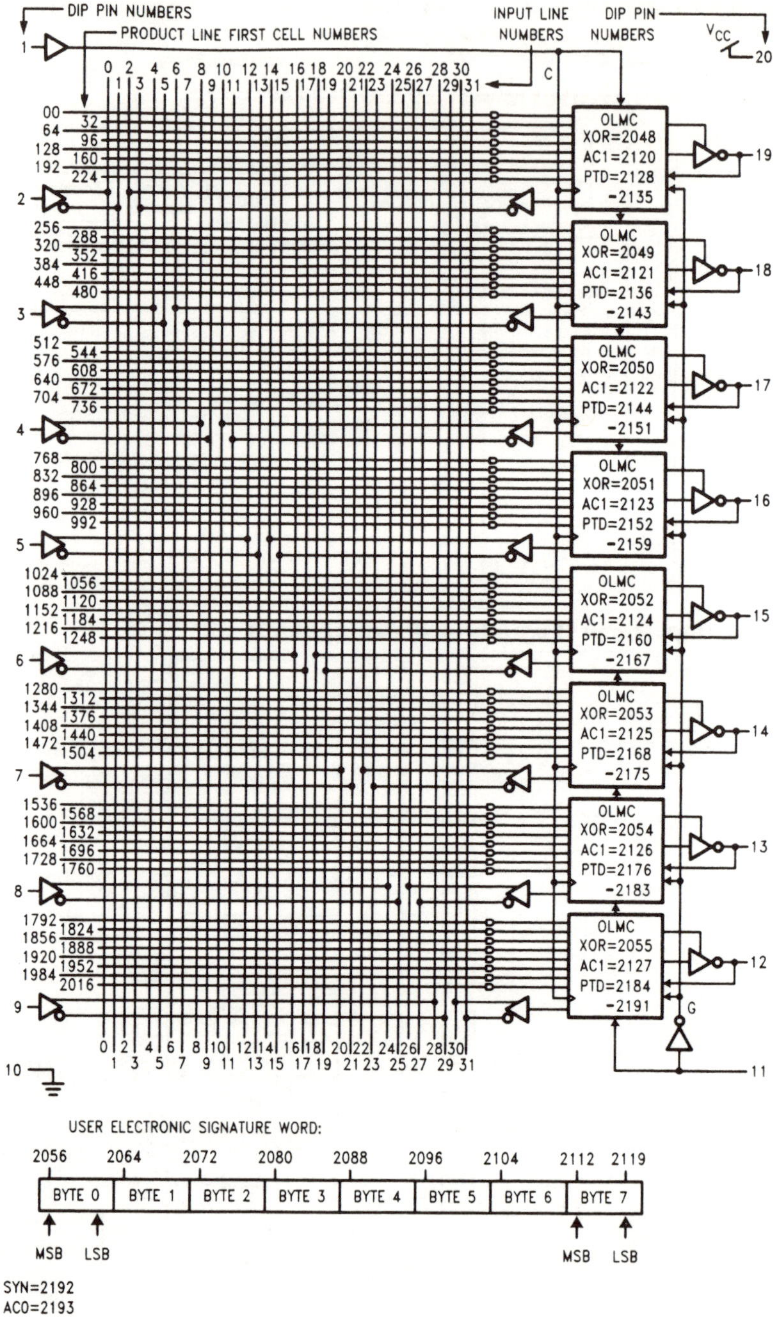

JEDEC Logic Array Cell Number = Product Line First Cell Number + Input Line Number

TL/L/9344-36

National Semiconductor

GAL20V8 Generic Array Logic

General Description

The NSC E²CMOS™ GAL® device combines a high performance CMOS process with electrically erasable floating gate technology. This programmable memory technology applied to array logic provides designers with reconfigurable logic and bipolar performance at significantly reduced power levels.

The 24-pin GAL20V8 features 8 programmable Output Logic Macrocells (OLMCs) allowing each TRI-STATE® output to be configured by the user. Additionally, the GAL20V8 is capable of emulating, in a functional/fuse map/parametric compatible device, the most popular 24-pin PAL® device architectures.

Programming is accomplished using readily available hardware and software tools. NSC guarantees a minimum 100 erase/write cycles.

Unique test circuitry and reprogrammable cells allow complete AC, DC, cell and functionality testing during manufacture. Therefore, NSC guarantees 100% field programmability and functionality of the GAL devices. In addition, electronic signature is available to provide positive device ID. A security circuit is built-in, providing proprietary designs with copy protection.

Features

- Electrically erasable cell technology
  - — Reconfigurable logic
  - — Reprogrammable cells
  - — Guaranteed 100% yields
- High performance E²CMOS technology
  - — Low power: 45 mA/90 mA max active
  - — High speed: 20 ns–35 ns max access
- Eight output logic macrocells
  - — Maximum flexibility for complex logic designs
  - — Also emulates 24-pin PAL devices with full function/fuse map/parametric compatibility
- Preload and power-on reset of all registers
  - — 100% functional testability
- Fully supported by National PLAN™ development software
- High speed programming algorithm
- Security cell prevents copying logic

PAL Replacement by Device Type

"Small-PAL" Mode				"Registered-PAL" Mode			"Medium-PAL" Mode
14L8	16L6	18L4	20L2	20R8	20R6	20R4	20L8
14H8	16H6	18H4	20H2	20RP8	20RP6	20RP4	20H8
14P8	16P6	18P4	20P2				20P8

PAL Replacement by Speed/Power

PAL			GAL
Rev	Speed	Power*	Rev
B-2	25 ns	105 mA	25L or 20L (90 mA) or 25Q (45 mA)
A	25 ns	210 mA	25L or 20L (90 mA)
B-4	35 ns	55 mA	30Q (45 mA)
A-2	35 ns	105 mA	30Q (45 mA)
STD	35 ns	210 mA	25L (90 mA)

*Shown for Medium PAL products.

Block Diagram—GAL20V8

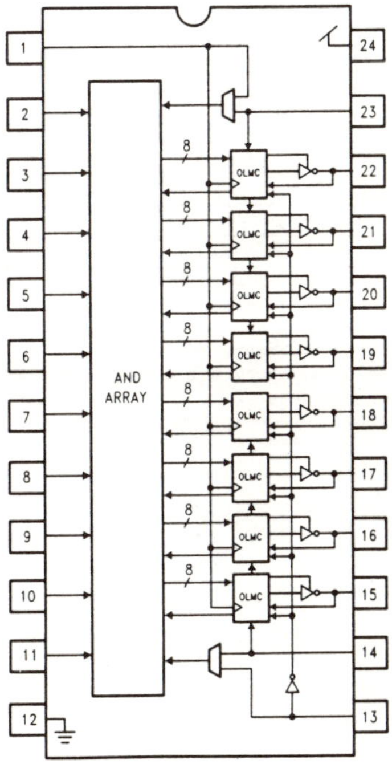

TL/L/9343-21

Absolute Maximum Ratings (Note 1)

If Military/Aerospace specified devices are required, please contact the National Semiconductor Sales Office/Distributors for availability and specifications.

Supply Voltage (V_{CC}) (Note 2)	−0.5V to +7.0V
Input Voltage (Note 2)	−2.5V to V_{CC} +1.0V
Off-State Output Voltage (Note 2)	−2.5V to V_{CC} +1.0V
Output Current	+100 mA
Storage Temperature	−65°C to +150°C
Ambient Temperature with Power Applied	−65°C to +125°C
Junction Temperature	−65°C to +1500°C
Lead Temperature (Soldering, 10 seconds)	260°C
ESD Tolerance	500V

C_{ZAP} = 100 pF
R_{ZAP} = 1500Ω
Test Method: Human Body Model
Test Specification: NSC SOP-5-028

Recommended Operating Conditions

SUPPLY VOLTAGE AND TEMPERATURE

Symbol	Parameter	Commercial			Industrial			Military			Units
		Min	Nom	Max	Min	Nom	Max	Min	Nom	Max	
V_{CC}	Supply Voltage	4.75	5	5.25	4.5	5	5.5	4.5	5	5.5	V
T_A	Operating Free-Air Temperature	0	25	75	−40	25	85	−55	25		°C
T_C	Operating Case Temperature									125	°C

AC TIMING REQUIREMENTS

Symbol	Parameter		GAL20V8-20L		GAL20V8-25Q GAL20V8-25L		GAL20V8-35Q GAL20V8-35L		Units
			COM/IND		COM/IND MIL*		COM/IND* MIL		
			Min	Max	Min	Max	Min	Max	
t_{SU}	Setup Time (Input or Feedback before Clock)		15		20		25		ns
t_H	Hold Time (Input after Clock)		0		0		0		ns
t_W	Clock Pulse Width (High/Low)		12		15		15		ns
t_{CYCLE}	Clock Cycle Period (with Feedback) (Note 3)		30		35		45		ns
f_{CLK}	Clock Frequency (Note 4)	With Feedback		33.3		28.5		22.2	MHz
		Without Feedback		41.6		33.3		33.3	MHz
f_I	Input Frequency (Note 5)			50.0		40.0		33.3	MHz
t_{PR}	Clock Valid after Power-Up			100		100		100	ns

*-25Q available only in COM/IND operating ranges;
-30L available only in MIL operating range (for COM/IND, use -25L).

Note 1: Absolute Maximum Ratings are those values beyond which the device may be permanently damaged. Proper operation is not guaranteed outside the specified recommended operating conditions.

Note 2: Some device pins may be raised above these limits during programming and preload operations according to the applicable specification.

Note 3: $t_{CYCLE} = t_{SU} + t_{CLK}$

Note 4: f_{CLK} (with feedback) = $(t_{CYCLE})^{-1}$
f_{CLK} (without feedback) = $(2\, t_w)^{-1}$

Note 5: $t_I = (t_{PD})^{-1}$

Electrical Characteristics Over Recommended Operating Conditions

Symbol	Parameter	Conditions	Temperature Range	Min	Typ	Max	Units
V_{IH}	High Level Input Voltage			2.0		$V_{CC}+1$	V
V_{IL}	Low Level Input Voltage			−1.0		0.8	V
V_{OH}	High Level Output Voltage	V_{CC} = Min, I_{OH} = −3.2 mA	COM/IND	2.4			V
		V_{CC} = Min, I_{OH} = −2.0 mA	MIL	2.4			V
V_{OL}	Low Level Output Voltage	V_{CC} = Min, I_{OL} = 24 mA	COM/IND			0.5	V
		V_{CC} = Min, I_{OL} = 12 mA	MIL			0.5	V
I_{OZH}	High Level Off-State Output Current	V_{CC} = Max, V_O = V_{CC} (Max)				10	μA
I_{OZL}	Low Level Off-State Output Current	V_{CC} = Max, V_O = GND				−10	μA
I_I	Maximum Input Current	V_{CC} = Max, V_I = V_{CC} (Max)				10	μA
I_{IH}	High Level Input Current	V_{CC} = Max, V_I = V_{CC} (Max)				10	μA
I_{IL}	Low Level Input Current	V_{CC} = Max, V_I = GND				−10	μA
I_{OS}*	Output Short Circuit Current	V_{CC} = 5.0V, V_O = GND		−30		−130	mA
I_{CC}	Supply Current: Quarter Power (GAL20V8-25Q, -35Q)	f = 15 MHz, V_{CC} = Max	COM			45	mA
			MIL/IND			55	mA
	Supply Current: Half Power (GAL20V8-20L, -25L)	f = 15 MHz, V_{CC} = Max	COM			90	mA
			MIL/IND			110	mA
C_I	Input Capacitance	V_{CC} = 5.0V, V_I = 2.0V				8	pF
$C_{I/O}$	I/O Capacitance	V_{CC} = 5.0V, $V_{I/O}$ = 2.0V				10	pF

*One output at a time for a maximum duration of one second @ 25°C.

Switching Characteristics Over Recommended Operating Conditions

Symbol	Parameter	Conditions	GAL20V8-20L COM/IND Min	GAL20V8-20L COM/IND Max	GAL20V8-25Q GAL20V8-25L COM/IND MIL* Min	GAL20V8-25Q GAL20V8-25L COM/IND MIL* Max	GAL20V8-35Q GAL20V8-35L COM/IND* MIL Min	GAL20V8-35Q GAL20V8-35L COM/IND* MIL Max	Units
t_{PD}	Input or Feedback to Combinatorial Output	S1 Closed, C_L = 50 pF		20		25		30	ns
t_{CLK}	Clock to Registered Output or Feedback	S1 Closed, C_L = 50 pF		15		15		20	ns
t_{PZXG}	$\overline{G}$ ↓ to Registered Output Enabled	Active High: S1 Open, C_L = 50 pF; Active Low: S1 Closed C_L = 50 pF		18		20		25	ns
t_{PXZG}	$\overline{G}$ ↑ to Registered Output Disabled	From V_{OH}: S1 Open, C_L = 5 pF; From V_{OL}: S1 Closed C_L = 5 pF		18		20		25	ns
t_{PZXI}	Input to Combinatorial Output Enabled via Product Term	Active High: S1 Open, C_L = 50 pF; Active Low: S1 Closed C_L = 50 pF		20		25		30	ns
t_{PXZI}	Input to Combinatorial Output Disabled via Product Term	From V_{OH}: S1 Open, C_L = 5 pF; From V_{OL}, S1 Closed C_L = 5 pF		20		25		30	ns
t_{RESET}	Power-Up to Registered Output High	S1 Closed C_L = 50 pF		45		45		45	μs

* -25Q available only in COM/IND operating ranges;
-30L available only in MIL operating range (for COM/IND, use -25L).

GAL20V8 Logic Diagram

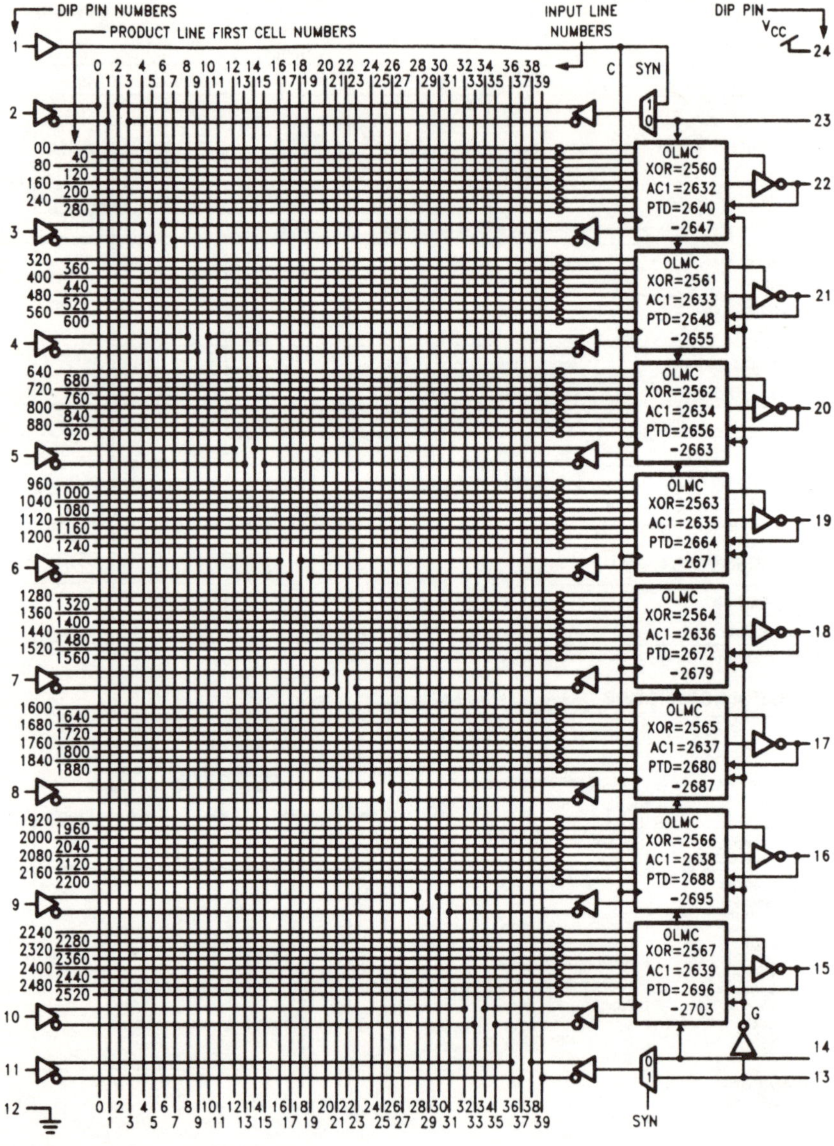

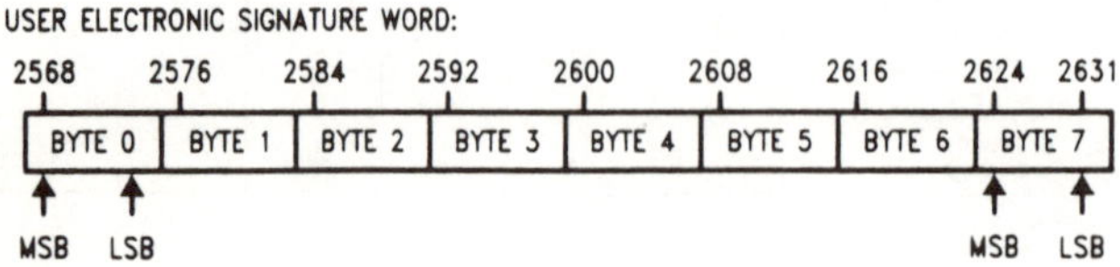

SYN=2704
AC0=2705

JEDEC Logic Array Cell Number = Product Line First Cell Number + Input Line Number

TL/L/9343-54

AC Test Load

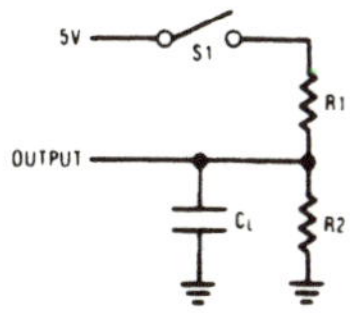

MIL

R1 = 390

R2 = 750

COM/IND

R1 = 200

R2 = 390

TL/L/9344-21

Test Waveforms

Setup and Hold

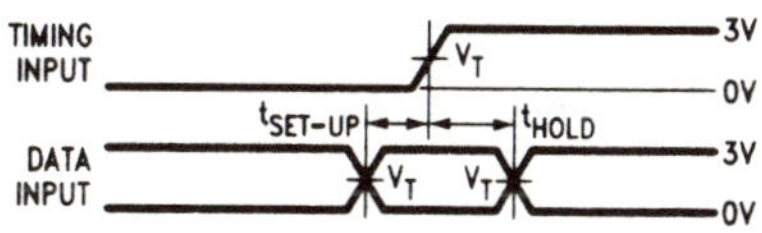

TL/L/9344-23

Pulse Width

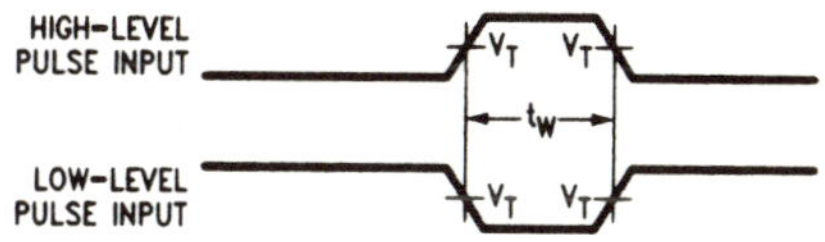

TL/L/9344-24

Propagation Delay

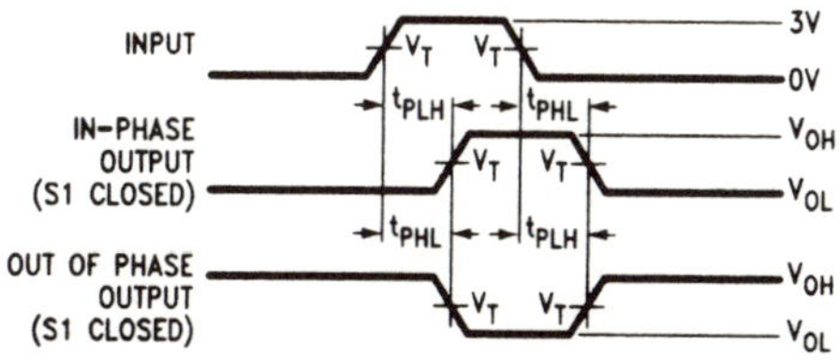

TL/L/9344-25

Enable and Disable

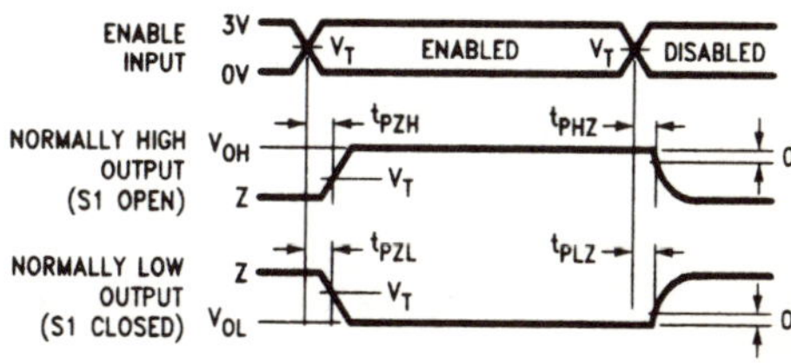

TL/L/9344-26

Notes:

C_L includes probe and jig capacitance.

V_T = 1.5V.

Test inputs have rise and fall times of 5 ns between 0.3V and 2.7V.

In the examples above, the phase relationships between inputs and outputs have been chosen arbitrarily.

Switching Waveforms

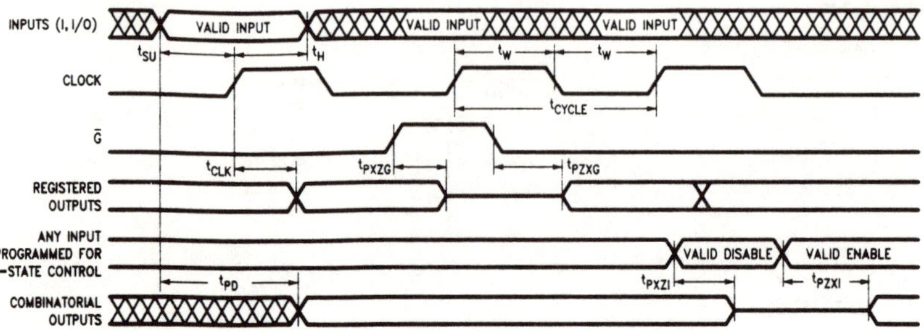

TL/L/9344-7

Power-Up Reset Waveforms

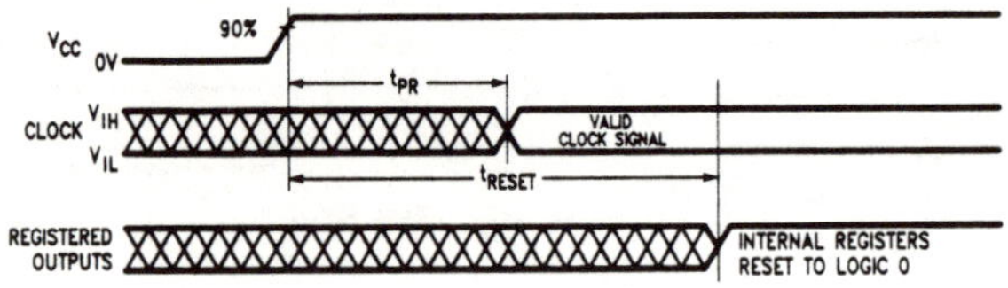

TL/L/9344-18

Input/Output Schematics

Input Translator/Buffer

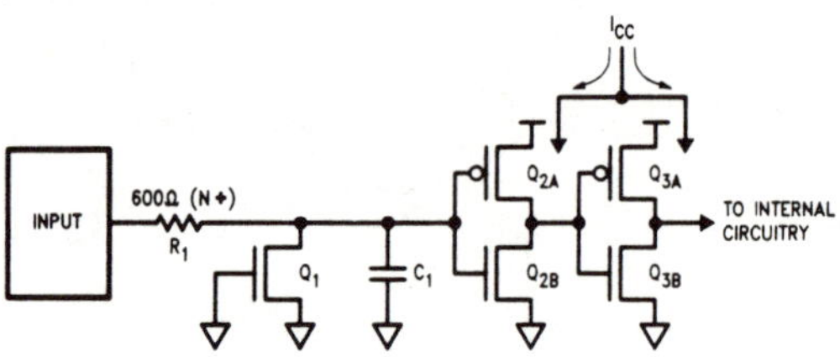

TL/L/9344-27

Phased Output Turn-On Circuit

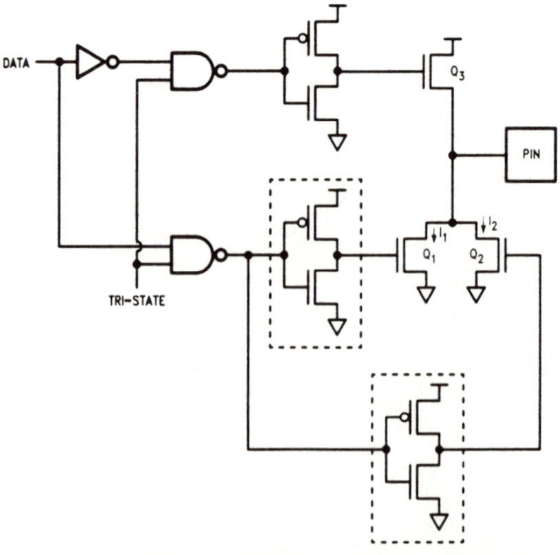

TL/L/9344-28

Register Preload Specifications

TABLE III

Symbol	Parameter	Conditions	Min	Typ	Max	Units
V_{IH}	Input Voltage (High)		2.40		V_{CC}	V
V_{IL}	Input Voltage (Low)		0.00		0.50	V
V_{IES}	Register Preload Input Voltage		14.5	15	15.5	V
V_{OH}	Output Voltage (High) (Note 1)				V_{CC}	V
V_{OL}	Output Voltage (Low) (Note 1)	$I_{OL} \leq 12$ mA	0.00		0.50	V
I_{IH}, I_{IL}	Input Current (Programming)			±1	±10	μA
I_{OH}	High Level Output Current (Note 1)	$V_{OH} \leq V_{CC}$			10	μA
t_{PWV}	Verify Pulse Width		1	5	10	μs
t_D	Pulse Sequence Delay		1	5	10	μs
t_{RESET}	Register Reset Time from Valid V_{CC}				45	μs

Note 1: The S_{DOUT} output buffer is an open drain output. This pin should be terminated to V_{CC} with a 10k resistor.

Register Preload Waveforms

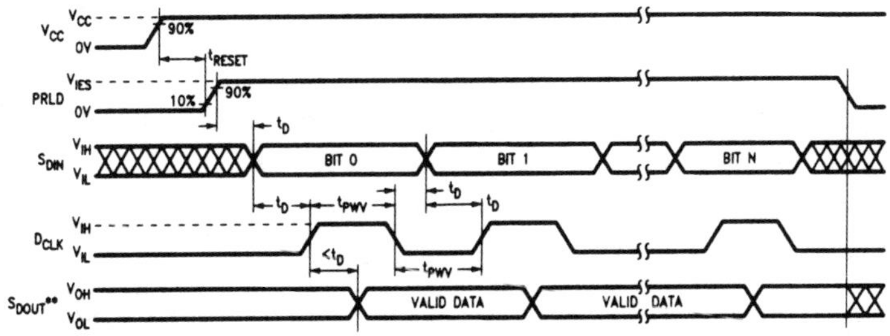

TL/L/9343-16

**The S_{DOUT} output buffer is an open drain output during preload. This pin should be terminated to V_{CC} with a 10 kΩ resistor.

Typical Performance Characteristics

Normalized t_{PD} vs Supply Voltage

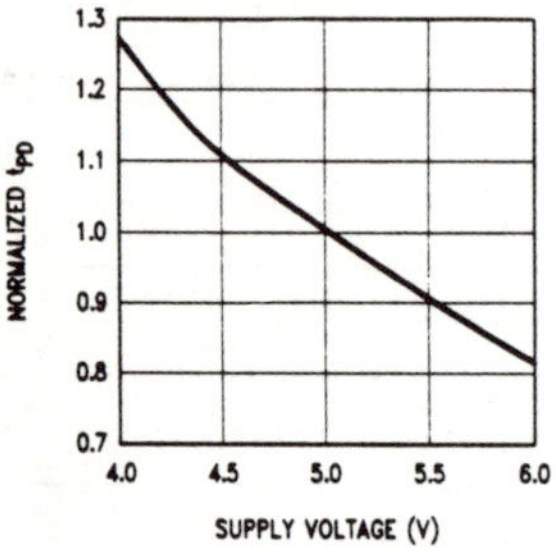

Normalized t_{PD} vs Temperature

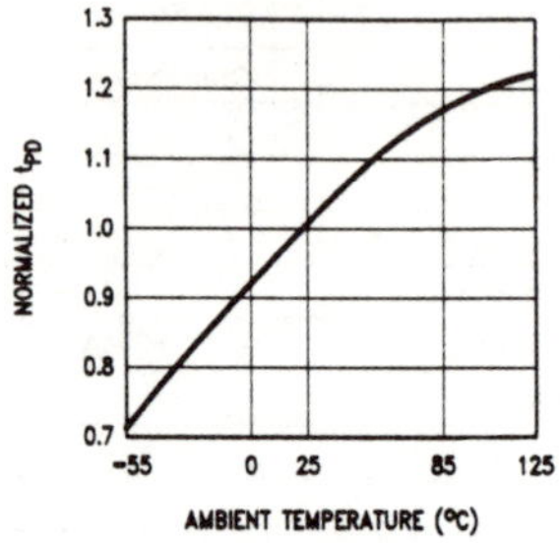

Normalized I_{CC} (Max) vs Temperature

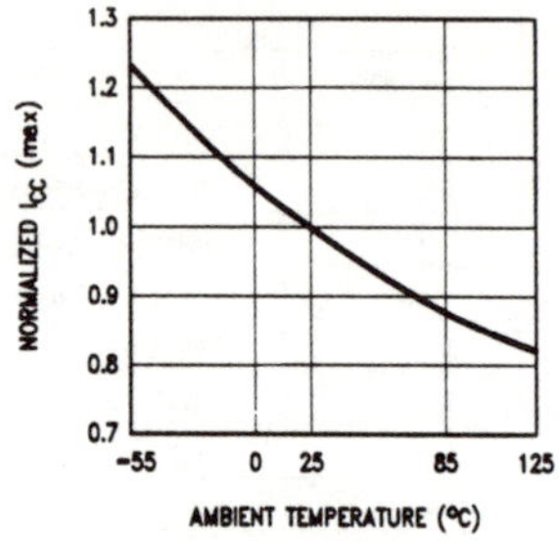

Normalized I_{CC} (Max) vs Supply Voltage

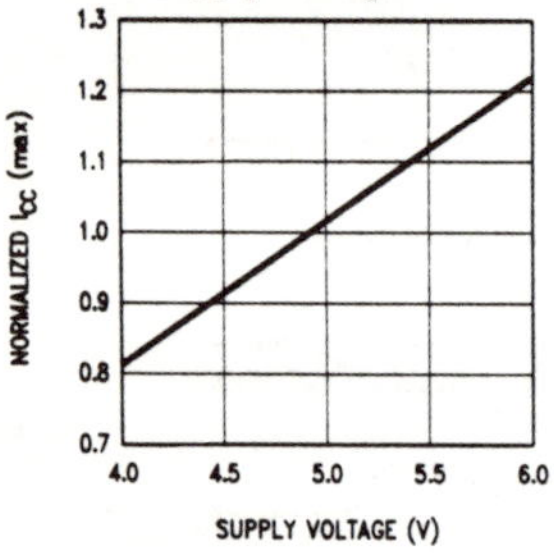

Normalized t_{CLK} vs Supply Voltage

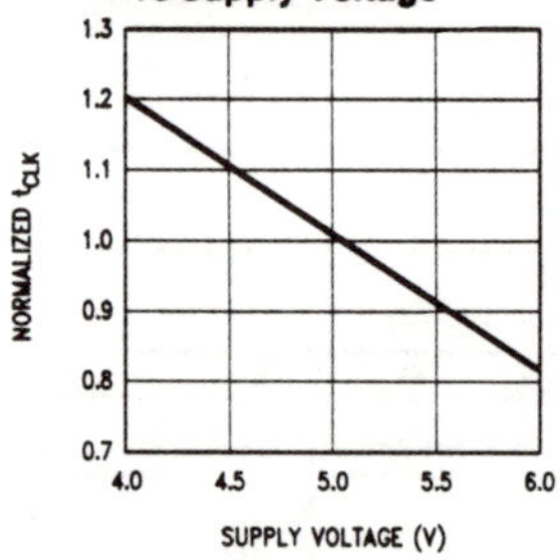

Normalized t_{CLK} vs Temperature

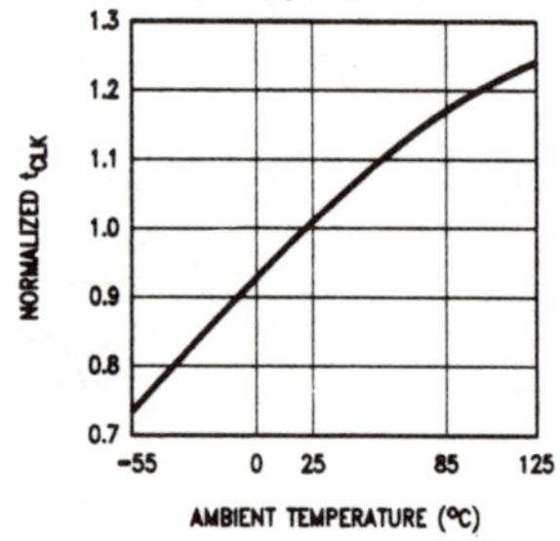

Normalized t_{SU} vs Supply Voltage

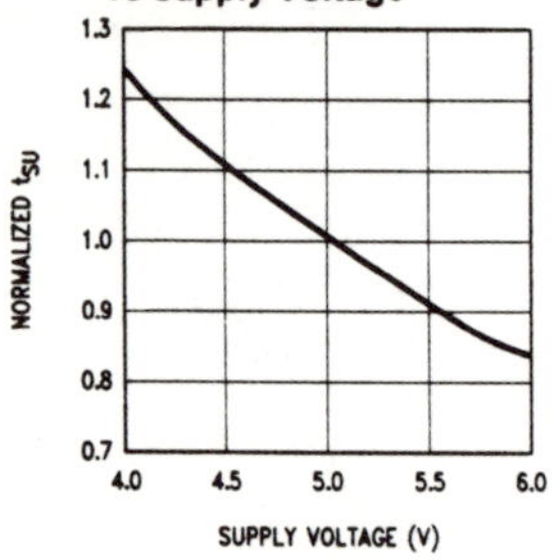

Normalized t_{SU} vs Temperature

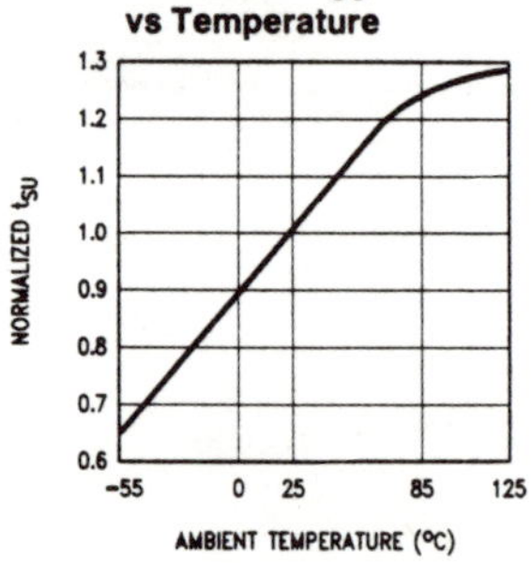

I_{OL} vs V_{OL}

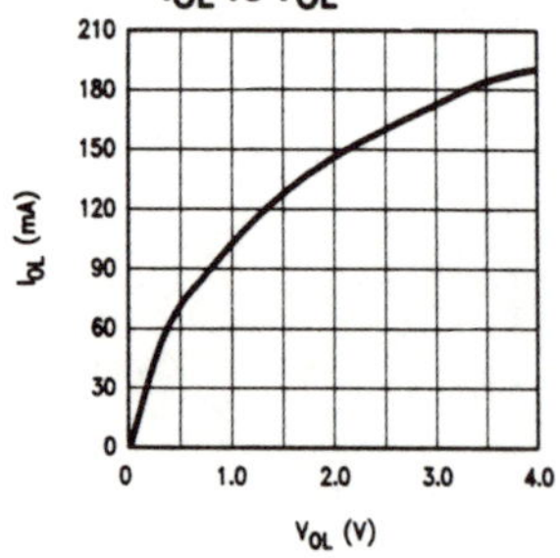

I_{OH} vs V_{OH}

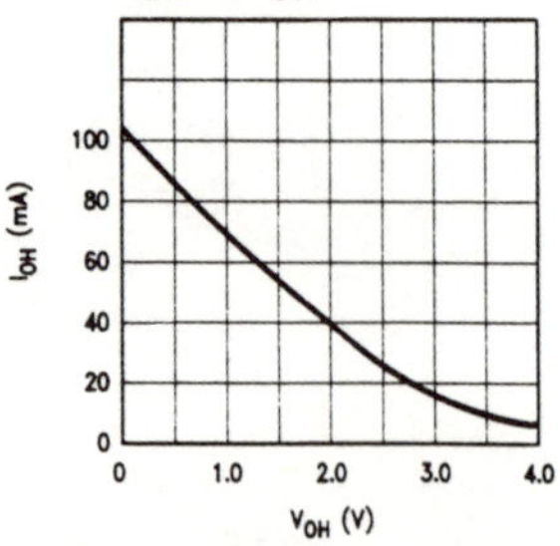

Literatur

[1] „Programmable Logic Devices Databook & Desgin Guide“. National Semiconductor, 1990

[2] *Geoff Bostock:* „Programmable Logic Handbook“. Collins Professional Books

[3] „Programmable Logic Manual – GAL Products“. 1st Edition, October 1988, SGS-Thomson

[4] *U. Tietze, Ch. Schenk:* „Halbleiter-Schaltungstechnik“. Springer-Verlag

[5] *Peter Pernards:* „Digitaltechnik“. Hüthig-Verlag

[6] *L. Borucki:* „Digitaltechnik“. B. G. Teubner, Stuttgart

Karnaugh-Diagramme

A	0	1	1	0
B	0	0	1	1
C				
0				
1				

A	0	1	1	0
B	0	0	1	1
C				
0				
1				

A	0	1	1	0
B	0	0	1	1
C				
0				
1				

A	0	1	1	0
B	0	0	1	1
C				
0				
1				

A	0	1	1	0
B	0	0	1	1
C				
0				
1				

A	0	1	1	0
B	0	0	1	1
C				
0				
1				

A	0	1	1	0
B	0	0	1	1
C				
0				
1				

A	0	1	1	0
B	0	0	1	1
C				
0				
1				

A B D C	0 0	1 0	1 1	0 1
0 0				
0 1				
1 1				
1 0				

A B D C	0 0	1 0	1 1	0 1
0 0				
0 1				
1 1				
1 0				

A B D C	0 0	1 0	1 1	0 1
0 0				
0 1				
1 1				
1 0				

A B D C	0 0	1 0	1 1	0 1
0 0				
0 1				
1 1				
1 0				

A B D C	0 0	1 0	1 1	0 1
0 0				
0 1				
1 1				
1 0				

A B D C	0 0	1 0	1 1	0 1
0 0				
0 1				
1 1				
1 0				

	A	0	1	1	0	
D C	B	0	0	1	1	
0 0						
0 1						E=0
1 1						
1 0						
1 0						
1 1						E=1
0 1						
0 0						

	A	0	1	1	0	
D C	B	0	0	1	1	
0 0						
0 1						E=0
1 1						
1 0						
1 0						
1 1						E=1
0 1						
0 0						

	A	0	1	1	0	
D C	B	0	0	1	1	
0 0						
0 1						E=0
1 1						
1 0						
1 0						
1 1						E=1
0 1						
0 0						

	A	0	1	1	0	
D C	B	0	0	1	1	
0 0						
0 1						E=0
1 1						
1 0						
1 0						
1 1						E=1
0 1						
0 0						

A	0	1	1	0	0	1	1	0	
B	0	0	1	1	1	1	0	0	
C	0	0	0	0	1	1	1	1	
E D									
0 0									
0 1									F=0
1 1									
1 0									
1 0									
1 1									F=1
0 1									
0 0									

A	0	1	1	0	0	1	1	0	
B	0	0	1	1	1	1	0	0	
C	0	0	0	0	1	1	1	1	
E D									
0 0									
0 1									F=0
1 1									
1 0									
1 0									
1 1									F=1
0 1									
0 0									

Bezugsquelle
Das in diesem Buch beschriebene Programmiergerät mit der dazugehörigen Software ist erhältlich bei:

Fa. Elektronikladen Detmold
Melliesstraße 88
W-4930 Detmold
Tel: 05232/8171
Fax: 05232/86197

und

Ahlers EDV-Systeme GmbH
Mozartstraße 23
W-8052 Moosburg
Tel: 08761/4245
Fax: 08761/1485

Für weitere Informationen über die GDS-Software wenden Sie sich bitte an:

SH-Elektronik
Marthastraße 8
W-2300 Kiel 1
Tel: 0431/665116
Fax: 0431/665116

Sachverzeichnis

Notizen

Notizen

Notizen

Notizen